彩图 5　滇红工夫

彩图 6　铁观音

彩图 7　白牡丹

彩图 8　炒制龙井茶

彩图 9　唐 · 阎立本　萧翼赚兰亭图

彩图 10　宋 · 刘松年　撵茶图

彩图 11　宋 · 刘松年　茗园赌市

彩图 12　元 · 赵孟頫　斗茶图

彩图 13　近代 · 吴昌硕　品茗图

职业技术·职业资格培训教材

CHA YU CHAWENHUA JICHU ZHISHI

茶与茶文化基础知识

主　　编　刘修明

编写人员　王　垚　卢祺义　蔡东联

审　　稿　费蓉雅　陈子法　许良中

中国劳动社会保障出版社

图书在版编目(CIP)数据

茶与茶文化基础知识/刘修明主编. —北京：中国劳动社会保障出版社，2002.11
职业技术·职业资格培训教材
ISBN 7-5045-3717-9

Ⅰ. 茶…　Ⅱ. 刘…　Ⅲ. 茶-文化-技术培训-教材　Ⅳ. TS971

中国版本图书馆 CIP 数据核字(2002)第 090868 号

中国劳动社会保障出版社出版发行
(北京市惠新东街 1 号　邮政编码：100029)
出 版 人：张梦欣
*
三河市华骏印务包装有限公司印刷装订　新华书店经销
787 毫米×1092 毫米　16 开本　12.25 印张　2 彩插页　209 千字
2003 年 2 月第 1 版　2019 年 3 月第 16 次印刷
定价：22.00 元

读者服务部电话：(010) 64929211/64921644/84626437
营销部电话：(010) 64961894
出版社网址：http://www.class.com.cn

内容简介

本书由劳动和社会保障部教材办公室、上海市职业技术培训教研室依据“茶艺师”“茶叶审评师”1+X职业技能鉴定考核细目组织编写。本书从强化培养操作技能，掌握一门实用技术的角度出发，较好地体现了两个职业当前最新的实用知识与操作技术，对于提高从业人员基本素质，掌握茶及茶文化的基础知识有直接的帮助和指导作用。

主要内容包括：茶叶基础知识、茶文化基础知识、茶保健基础知识等。

本书可作为上海地区“茶艺师”和“茶叶审评师”（初级、中级）职业技能培训与鉴定考核教材，也可供全国其他地区从业人员学习掌握茶艺与茶叶审评技术，或进行岗位培训、就业培训使用。

前　言

职业资格证书制度的推行，对广大劳动者系统地学习相关职业的知识和技能，提高就业能力、工作能力和职业转换能力有着重要的作用和意义，也为企业合理用工以及劳动者自主择业提供了依据。

随着我国科技进步、产业结构调整以及市场经济的不断发展，特别是加入世界贸易组织以后，各种新兴职业不断涌现，传统职业的知识和技术也愈来愈多地融进当代新知识、新技术、新工艺的内容。为适应新形势的发展，优化劳动力素质，上海市劳动和社会保障局在提升职业标准、完善技能鉴定方面做了积极的探索和尝试，推出了1+X的鉴定考核细目和题库。1+X中的1代表国家职业标准和鉴定题库，X是为适应上海市经济发展的需要，对职业标准和题库进行的提升，包括增加了职业标准未覆盖的职业，也包括对传统职业的知识和技能要求的提高。

上海市职业标准的提升和1+X的鉴定模式，得到了国家劳动和社会保障部领导的肯定。为配合上海市开展的1+X鉴定考核与培训的需要，劳动和社会保障部教材办公室、上海市职业技术培训教研室联合组织有关方面的专家、技术人员共同编写了职业技术·职业资格培训系列教材。

职业技术·职业资格培训教材严格按照1+X鉴定考核细目进行编写，教材内容充分反映了当前从事职业活动所需要的最新核心知识与技能，较好地体现了科学性、先进性与超前性。聘请编写1+X鉴定考核细目的专家，以及相关行业的专家参与教材的编审工作，保证了教材与鉴定考核细目和题库的紧密衔接。

职业技术·职业资格培训教材突出了适应职业技能培训的特色，按等级、分模块单元的编写模式，使学员通过学习与培训，不仅能够有助于通过鉴定考核，而且能够有针对性地系统学习，真正掌握本职业的实用技术与操作技能，从而实现我会做什么，而不只是我懂什么。每个模块单元所附模拟测试题和答案用于检验学习效果，教材后附本级别的知识模拟试卷和技能模拟试卷，使受培训者巩固提高所学知识与技能。

本教材虽结合上海市对职业标准的提升而开发，适用于上海市职业培训和职业资格鉴定考核，同时，也可为全国其他省市开展新职业、新技术职业培训和鉴定考核提供借鉴或参考。

《茶与茶文化基础知识》《茶叶审评与检验》《茶艺》三本教材是由劳动和社会保障部教材办公室、上海市职业技术培训教研室，委托上海市茶叶学会组织有关专家、学者，遵循1+X鉴定考核细目编写的。在编写过程中，采用了上海市茶叶学会《茶报》历年积累的资料，并参阅了新近编辑出版的大量茶学、茶文化和有关报刊杂志的各种著作、论文、图片等，恕不一一刊名，仅向各位作者表示衷心的感谢。

新教材的编写是一项探索性工作，由于时间紧迫，不足之处在所难免，欢迎各使用单位及个人对教材提出宝贵意见和建议，以便教材修订时补充更正。

劳动和社会保障部教材办公室

上海市职业技术培训教研室

2002年12月

目　录

茶叶基础知识

茶文化基础知识

茶保健基础知识

茶叶基础知识

第一单元　　茶的起源

单元提要：茶树是多年生常绿木本植物，我国是世界上最早利用茶、最早人工栽培茶树和加工茶叶的国家，世界各国最初所饮用的茶叶、引种的茶树、饮茶方法、茶树栽培及茶叶加工技术、茶事礼俗都是直接或间接从中国传播过去的。中国是茶树的原产地。

一、我国是世界上最早发现和利用茶树的国家

在我国，传说茶是“发乎于神农，闻于鲁周公，兴于唐而盛于宋”。茶最初是作为药用，后来发展成为饮料。东汉时期的《神农本草》中记述了“神农尝百草，日遇七十二毒，得荼而解之”的传说，其中“荼”即“茶”，这是我国最早发现和利用茶叶的记载。唐代陆羽（公元733—804年）对唐代及唐代以前有关茶叶的科学知识和茶叶生产实践经验进行了系统的总结，编撰了世界上第一部茶业专著——《茶经》。当世人还不知种茶和饮茶时，我国发现和利用茶树却已有数千年的历史了。

二、我国西南地区最早发现野生大茶树

茶树原产于我国西南地区。早在三国时期（公元220—280年）我国就有关于在西南地区发现野生大茶树的记载。近几十年来，在我国西南地区更不断地发现古老的野生大茶树。1961 年在云南省的大黑山密林中（海拔 1 500 米）发现一棵高 32.12 米，树围 2.9 米的野生大茶树，这棵树单株存在，树龄约 1 700 年。1996 年在云南镇沅县千家寨（海拔 2 100 米）的原始森林中，发现一株高 25.5 米，底部直径 1.20 米,树龄 2 700 年左右的野生大茶树。森林中直径 30 厘米以上的野生茶树到处可见，据不完全统计，我国已有 10 个省区共 198 处发现有野生大茶树。总之，我国是世界上最早发现野生大茶树的国家，而且树体最大，数量最多，分布最广，由此可以说明中国是茶树的原产地。

三、世界各国对茶的称谓起源于中国

“茶”字的音、形、义是中国最早确立的。茶叶由中国输往世界各地，1610 年中国茶叶作为商品输往欧洲的荷兰和葡萄牙，1638 年输往英国，1664 年输往俄国，1674 年输往美国纽约，因此世界各国对茶的称谓均源于中国“茶”字的音，如英语“TEA”，德语“TEE”，法语“THE”等都是由闽南语茶字（tè）音译过去的，俄语的“yaй”和印度语音“chā”是由我国北方音“茶”音译的，而日语茶字的书写即汉字的“茶”字。可以看出“茶”字最早出现于中国，世界各国对茶的称谓都是由中国“茶”字音译过去的，只是因各国语种不同发生变化而已，由此也可以说明，茶的称谓发源于中国。

四、世界各产茶国的茶树都是直接或间接由中国引种的

我国茶树最早传入日本是在公元 805 年，日本僧人从中国带回茶籽在贺滋县种植。公元 828 年，中国茶种传到朝鲜（当时的高丽），1618 年传到俄罗斯，1780 年传入印度，1828 年传到印度尼西亚，以后又传播到斯里兰卡、非洲、南美等地。世界各产茶国在引进中国茶种的同时，也引进了茶叶加工技术及品饮方式。

五、我国是世界上最早加工茶叶的国家

我国茶叶加工，历史悠久。在周武王时期，巴蜀就以茶为贡品。三国时期，我国史书中已有用茶叶制茶饼的记载。在唐代，人们创造了蒸青技术，并进一步发展了炒青。我国古代劳动人民，在制茶过程中，积累了丰富的经验，不断地改进和提高制茶技术，创造了丰富多彩的各类茶叶，这也是世界其他国家无法相比的。

综上所述，世界各地的茶树都是源于中国，中国是世界茶树的原产地。

练习题

1. 从哪几个方面可以说明中国是世界茶树的原产地？

2. 茶是在什么时候由中国传到世界上其他国家去的？世界各国对茶的称谓是如何形成的？

第二单元　茶在我国国民经济中的地位

单元提要：茶在我国国民经济和人民生活中占有重要的地位。本单元从茶经济、生活资料、茶区的分布以及茶叶的生产在国内外贸易中的地位和作用等方面，阐明茶在我国社会主义经济生活中是不可缺少的生活资料和经济作物。

自从我国发现和利用茶树到现在，经过近五千年的历史演变，茶叶已成为我国主要经济作物之一，是人们日常生活中不可缺少的生活资料。全国约有1亿人从事茶叶的产、供、销和科研教学工作，茶叶是出口农副产品中大宗商品之一，由此可以看到茶在我国国民经济中所占的重要地位。

一、茶是我国人民日常生活中不可缺少的生活资料

茶叶之所以受到人们的喜爱，不仅因为饮茶有益于人体健康，可防治多种疾病，而且饮茶可以修身养性，陶冶情操。我国民间有句俗语，即“开门七件事，柴米油盐酱醋茶”，客来敬茶是我国各族人民的传统习俗。可见，茶在我国人民日常生活中的地位。随着国民经济的发展和人民的生活水平的不断提高，人们对茶叶的需求量也在不断地增加。

我国边疆少数民族，更是离不开茶叶。由于气候等因素的影响，边疆地区缺少蔬菜、果品，而人们吃的又是富含脂肪及蛋白质的牛羊肉，需要饮茶以分解脂肪、帮助消化，同时，茶叶中含有多种维生素，饮茶可以预防因少食蔬菜、果品而缺乏维生素所引起的疾病，所以少数民族更是不可一日无茶。

二、茶是山区茶农经济收入的主要来源

建国以来，在党和人民政府的关怀和重视下，积极扶持茶叶生产，我国的茶业得到恢复和发展。全国茶园的面积由 1950 年的 254 万亩，发展到 1998 年的 1 650 万亩。我国茶区分布很广，从事茶业的人数众多，全国茶农人数约 8 000 万。在重点产茶县，如安徽祁门、湖南安化、福建寿宁、湖北恩施、浙江嵊县等，茶叶生产收入占全年总收入的一半左右。一般产茶县的茶叶生产收入也约占其全年总收入的三分之一。由此可见，搞好茶叶生产，对提高山区茶农的生活水平是非常重要的。

三、我国茶区分布范围广

中国茶区分布在北纬 18°～37°、东经 94°～112°的广阔范围内。我国有浙江、江苏、安徽、福建、山东、河南、湖北、湖南、陕西、甘肃、西藏、四川、重庆、贵州、云南、广西、广东、海南、江西、台湾等 20 个省市区产茶，从海拔几十米的平原到海拔 2 600 米的高山，有上千个县市产茶。而各地的地形、土壤、气候等存在着明显的差异，这些差异对茶树生长发育和茶叶生产影响极大。在不同地区，生长着不同类型不同品种的茶树，从而决定了不同的茶叶品质。

目前我国茶区大致分为 4 个，即：江北茶区、江南茶区、西南茶区、华南茶区，见图 2—1 所示。

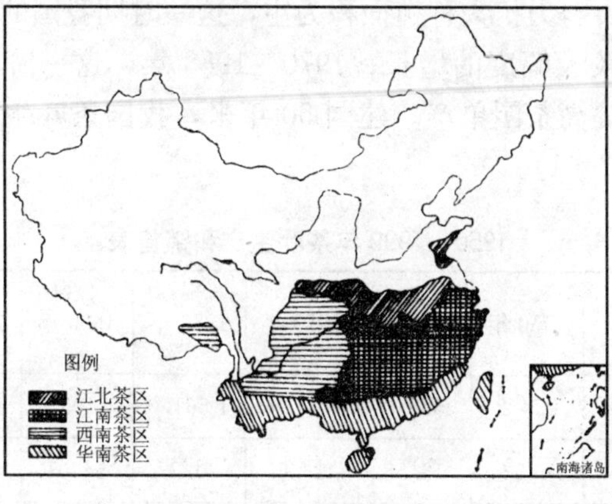

图 2—1　我国茶区分布图

1. 江北茶区

江北茶区地形较复杂，与其他茶区相比，气温低，积温少，茶树新梢生长期短，包括甘肃、陕南、鄂北、豫南、皖北、苏北、鲁东南等地。江北茶区适制绿茶。

2. 江南茶区

江南茶区大多处于丘陵低山地区，也有海拔在 1 000 米的高山，高山茶园土壤土层深厚，土质较肥沃，而低丘茶园，土层浅薄，土壤结构差，有“晴天一把刀，雨天一团糟”的现象，包括粤北、桂北、闽中北、湘、浙、赣、鄂南、皖南和苏南等地，适宜发展绿茶、青茶、花茶和名特茶。

3. 西南茶区

西南茶区的各地气候变化大，水热条件较好，包括黔、川、滇中北和藏东南等地，适产红碎茶、绿茶、普洱茶、花茶、边销茶、名特茶等。

4. 华南茶区

华南茶区水热资源丰富，土壤肥沃，包括闽中南、台、粤中南、海南、桂南和滇南等地，适宜加工红茶、普洱茶、六堡茶、青茶等。

四、我国茶叶生产和销售概况

我国茶叶生产历史悠久，茶叶种类丰富，早在 1 000 多年前中国茶叶就运销国外。1886 年，我国茶叶产量达 25 万吨，出口达 13.41 万吨，但是到了新中国成立前夕的 1949 年，全国茶叶生产只有 4.1 万吨，出口仅为 0.9 万吨。建国后的 1950—1970 年间，我国茶叶生产基本上以垦复、发展、努力扩大种植面积为主，这一时期我国的茶园面积和茶叶产量都得到较大幅度的增长；1970—1988 年，这一阶段的重点是改善茶园结构，提高茶园单产。建国 50 年来，我国茶叶生产取得了辉煌的成就（见表 2—1)。

表 2—1　　1950—1999 年茶叶生产和销售表

年份 项目	1950 年	1960 年	1970 年	1980 年	1990 年	1998 年	1999 年
茶园面积（万亩）	254.2	558.0	731.0	1 561.0	1 705.0	1 650.0	1 650.0
茶叶产量（万吨）	6.52	13.58	13.6	30.37	54.01	66.5	68.04
内销数量（万吨）	0.345	6.10	6.07	13.27	33.85	40.0	42.4
出口数量（万吨）	1.88	4.26	4.09	10.76	19.5	21.8	19.96

在我国茶叶生产中，茶叶出口为国家创收了大量外汇，但茶叶内销

始终占主要地位，随着人民生活的不断改善，内销数量逐年大幅度增加。

练习题

1. 茶在我国国民经济中有何重要地位？
2. 目前我国有几个茶区，每个茶区主产哪类茶叶？

第三单元　茶树栽培

单元提要：本单元较系统地介绍了茶树从栽培到采摘的过程，并且简述了茶树的特征和特性，介绍了茶树繁殖、茶园管理及茶叶采摘等茶叶生产主要环节，还对茶叶鲜叶的采摘、装运、验收和存放等内容做了详细的介绍。

第一节　茶树的特征

茶树是多年生常绿木本植物，茶树由茎、芽、叶、花、果实、种子和根等几个部分组成。

一、茎（枝干）

茶树的茎部，即茶树的地上部分，因分枝的性状不同，可分为乔木型、半乔木型和灌木型 3 种（如图 3—1 所示）。

1. 乔木型

乔木型茶树有高大的主干，侧枝大多由主干分枝而出，多为野生古茶树。在云南、贵州、四川等地发现的野生大茶树，一般树高 10 米以上，主干直径需二人合抱，即属此类。

2. 半乔木型（小乔木型）

半乔木型茶树有明显的主干，主干和分枝容易区别，但分枝部位离地面较近，如云南大叶种茶树。

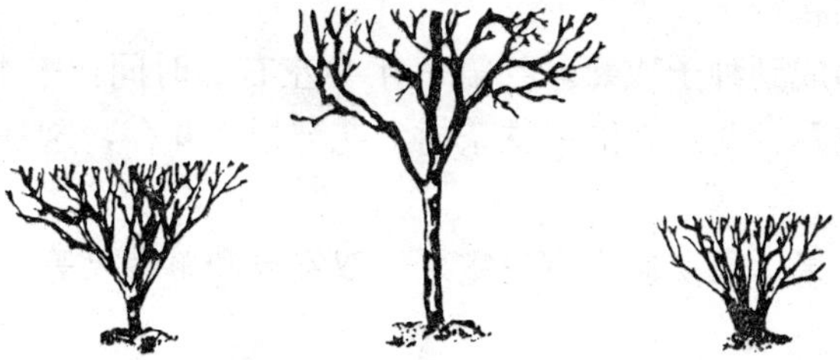

图 3—1 茶树植株的形态

a）小乔木型茶树 b）乔木型茶树 c）灌木型茶树

3. 灌木型

灌木型茶树主干矮小，分枝稠密，主干与分枝不易分清，我国栽培的茶树多属此类。

二、芽

茶树上的芽分营养芽和花芽两种，营养芽是枝叶的原始体，发育即成枝叶，花芽发育成花。营养芽依其生长部位的不同，分定芽和不定芽两种。定芽生于枝顶（顶芽）及叶腋处（腋芽），顶芽较腋芽粗大，不定芽生于枝的节间或根茎处，当枝干遭受机械损伤时，不定芽能萌发成新枝。由于萌发时间不同，茶芽又可分为冬芽、春芽和夏芽。冬芽在秋冬季形成，次年春季生长发育；春芽在春季形成，夏季发育生长；夏芽在夏季形成，秋季发育生长。

三、叶

茶树的叶子属不完全叶，只有叶柄和叶片，没有托叶，为单叶互生。茶树的叶是常绿的，茶树上同一时期内有老叶和新叶之分，新生的嫩叶是制茶的原料，芽上及嫩叶的背面有茸毛。

茶叶（见图 3—2）为网状脉，有明显的主脉，沿主脉分出侧脉，侧脉数多为 10～15 对，侧脉伸展至叶缘 2/3 的部位向上方弯曲呈弧形，与上方侧脉相连接，这是茶树叶片的特征之一。侧脉分出细脉，构成网状脉。茶叶的边缘有锯齿，锯齿数一般在 16～32 对。

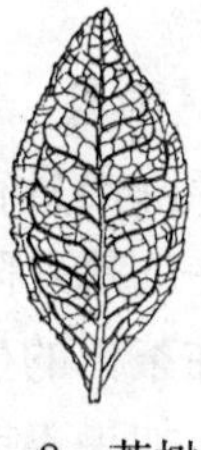

图 3—2 茶树叶片

四、花

茶树的花为两性花。茶树是异花受粉的植物，它的花是虫媒花。花芽约于 6 月中旬开始形成，茶树的盛花期在每年的 10—11 月，花为白色，少数呈淡红色。

五、果实和种子

从花芽形成到种子成熟，约需一年半左右的时间，一般在10月中旬左右种子成熟，此时在同一株茶树上花与果实并存，这是茶树的特征之一。

茶果属蒴果，果实通常有三室果、双室果和单室果等。

六、根

茶树系深根植物，其根部由主根、侧根和细根组成。土质肥沃、耕作深而精细时，根系分布深而广，地上部分也生长良好。茶树的主根长度大都可达70～80厘米，根幅与树冠的关系随树龄的不同而不同，一般幼年茶树的树冠与根幅相对称，青年及壮年茶树，根幅比树冠要大，老年茶树中有些树，其根幅比树冠小。

第二节　茶树的特性

一、茶树对外界环境的要求

茶树喜欢温暖、湿润的气候和肥沃的酸性土壤，耐阴性较强，不喜阳光直射。

1. 气温

一年中茶树的生长期是由温度条件支配的，最适宜茶树生长的温度是20～30℃，气温下降到－10℃以下时，就会受到严重的冻害，但气温如持续保持35℃以上的高温时，茶树新梢就会出现枯萎和叶片脱落的现象。

2. 雨量

年降雨量在1 500毫米左右时最适宜茶树生长，一般在茶树生长期中，平均每月降雨量有100毫米亦可。

在茶树的生长期中，一般夏季需水量最多，春秋两季次之，冬季更次之，如果不能满足这一水量需求规律，不仅茶树的生长将受到限制，而且还会影响茶叶的产量和品质。在空气和土壤中水分不足的情况下，茶树的芽叶和枝条的生长停滞，叶片易硬化粗老。

3. 土壤

土壤是茶树赖以生存的基础，茶树为深根植物，要求土壤的土层深厚、土质松疏、排水和通气较好。适宜茶树生长的土壤为pH值在

4.5～6.5之间的酸性土壤。

二、茶树分枝性

茶树分枝性强，在自然条件下，一年可发新梢2～3轮，在采摘的条件下，一般一年可发新梢4～8轮，个别地区可达12轮。新茶树种植后，3年即达到成熟期，可以采摘茶叶。

第三节 茶树繁殖

茶树繁殖分有性繁殖与无性繁殖两种方法，有性繁殖是利用茶籽进行播种，也叫种子繁殖。无性繁殖亦称营养繁殖，是利用茶树的根、茎等营养器官，在人工创造的适当条件下，使之形成一株新的茶苗，如扦插、压条。

一、有性繁殖（亦称种子繁殖）

种子繁殖的方法有两种：一为苗圃育苗，一为茶园直播。

1. 苗圃育苗

苗圃育苗便于苗期管理和培育出优良的苗木，其方法为：首先选择土壤肥沃和结构良好的土地为苗圃，筑畦并施足基肥。然后将经过催芽处理的茶籽，采取单粒条播或条式穴播均可，茶籽播种后，随即盖土4～6厘米。茶苗出土前，可用稻草来进行覆盖，茶苗出土后，夏季需进行遮荫，在第二年的春季茶芽萌动前或秋季生长停止后进行起苗移栽。

2. 茶园直播

茶园直播就是将经催芽处理后的茶籽，采用条式穴播的方法，直接播种在新辟茶园内。

3. 茶树有性繁殖的优缺点

（1）茶树有性繁殖的优点：

1）农业技术措施简单易行，劳力消耗较少，成本较低；

2）能一时获得大量种苗，对母树的生长和产量影响不大；

3）茶苗有较强的生命力；

4）可适应多样的环境。

（2）茶树有性繁殖的缺点：

1）由于茶树是异花受粉，其后代易产生变异；

2）茶园植株易产生不一致的性状，给茶园管理和茶叶采摘带来不便。

二、无性繁殖（亦称营养繁殖）

茶树无性繁殖一般采用扦插繁殖的方法。

1. 扦插前的准备

首先要选择地形平坦，土质疏松、肥沃，酸性土壤为苗圃，筑畦，搭遮荫棚。

然后，选择品种优良、生长健壮的茶树，剪取其枝条表皮呈红棕色，腋芽膨大的枝条为插穗（见图 3—3），剪取具有一个腋芽和一片健全的叶片为一个短穗，剪口必须平滑，切忌开裂，插穗上端的剪口，应离叶柄 3～4 毫米，与叶片生长相同方向剪成斜面，下端的剪口也应是斜面并且与上端剪口平行。

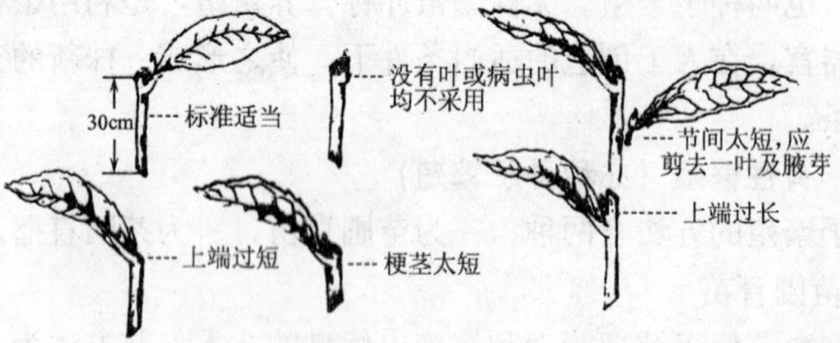

图 3—3　标准插穗示意图

2. 扦插

扦插前先在畦面上喷水，使 5～6 厘米深的土壤充分湿润，待稍阴干后，按行距 6～8 厘米、株距 2～3 厘米进行扦插。

3. 扦插后管理

扦插后应遮荫，插后至生根时（约 30～40 天），每天早、晚需洒水一次，生根后可一天一次，插后 50～60 天，茶苗生根2～3 厘米时应进行施肥，施肥应掌握“少量多次，先少后多，先稀后浓”的原则。

4. 无性繁殖的优缺点

（1）无性繁殖的优点：

1）苗木能保持母树的特征和特性，苗木的性状比较一致，有利于茶园管理；

2）有利于扩大良种的数量。

（2）无性繁殖的缺点：

1）大量养枝剪穗对母树的生长与茶叶产量影响较大；

2）繁殖栽种技术要求高，劳力消耗多，成本较高；

3）茶苗的适应性较实生苗差。

第四节　茶园管理

茶园管理是茶叶生长过程中必不可少的工序，直接关系到茶叶的产量和茶叶的品质。茶园管理包括耕锄、施肥、茶树修剪等工作。

一、茶园耕锄

我国茶区茶农有句俗话"茶地不挖，茶芽不发"，这说明茶园耕锄的重要性，茶园耕锄可消除杂草，改良土壤结构，杀虫灭菌等。茶园耕锄大致分春、夏、秋 3 次，春夏进行浅耕，深度约为 10 厘米，秋季进行深耕，深度为 20～30 厘米。

二、茶园施肥

茶园施肥是茶园管理中重要的一环，人们每年要从茶树上多次采摘大批青叶，营养消耗多，这就需要不断地给茶树补充养料，否则，会导致茶树树势衰退，影响茶叶的产量和品质。茶园施肥的原则是：以有机肥料为主，有机肥和化肥相结合施用；以氮肥为主，磷、钾肥料相配合；在秋末冬初结合深耕施基肥（施有机肥料），在采摘季节追肥（施用化肥）。

三、茶树修剪

茶树修剪是培养茶树高产优质树冠的一项重要措施，合理修剪不仅能提高茶叶产量，增进茶叶品质，而且使得树冠适应机械化采茶作业，提高劳动生产率。修剪的方法分为以下 5 种。

1. 幼年茶树定型修剪

幼年茶树通过定型修剪，可促使茶树侧枝的生长，为培育广阔的树冠打下良好的基础。一般定型修剪要经过 3 次，第一次定型修剪在茶苗达到二足龄时进行，修剪时间多数认为以春季茶芽萌发之前为好，秋后降霜之前次之。

2. 浅修剪

浅修剪也称轻修剪，是在定型修剪的基础上进一步加强树冠上面的枝条高度和密度，以达到一定程度上的合理树型。

3. 深修剪

茶树经过几年的浅修剪和采摘以后，树冠上的枝条过于密集和细弱，为更新采摘面的枝条，就在原有的剪面上进行较深的修剪，使枝条育芽能力继续提高。

4. 重修剪

对虽还有一定产量但已趋向衰老的茶树，剪去树冠上大部分粗老的茶枝，使其迅速恢复枝条的生长。

5. 台刈

对产量显著下降的衰老茶树，把树冠的绝大部分枝条或全部枝条剪掉，使其从根茎处生长出新的枝条，使茶树重新恢复生机。

第五节　茶叶采摘

从茶树新梢上采摘芽叶，制成各种成品茶，这是茶树栽培的最终目的。青叶采摘在某种程度上决定着茶叶产量和成品茶的品质。

一、合理采摘

合理采茶是实现茶叶高产优质的重要措施。由于我国制茶种类很多，制法各异，对青叶的要求也各不相同，因而形成不同的采摘标准和采摘方法。总的来说，合理采茶大体可分为以下 4 个方面。

1. 标准采

(1) 细嫩的标准。名优茶类，品质优异，经济价值高，因此对鲜叶的嫩度和匀度均要求较高，很多只采初萌的壮芽或初展的一芽一叶，这种细嫩的采摘标准，产量低，劳力消耗大，季节性强，多在春茶前期采摘。

(2) 适中的标准。我国的内、外销红绿茶是茶叶生产的主要茶类，其对青叶原料的嫩度要求适中，采一芽二三叶和同等幼嫩的对夹叶，这是较适中的采摘标准，全年采摘次数多，采摘期长，量质兼顾，经济收益较高。

(3) 偏老的标准。它是我国传统的特种茶类的采摘标准（如青茶的采摘标准），是待新梢发育将成熟，顶芽开展度约 8 成左右时，采下带驻芽的三四片嫩叶。这种偏老的采摘标准，全年采摘批次不多，产量中等，产值较高。

(4) 粗老的标准。黑茶等边销茶类，对青叶的嫩度要求较低，待新梢充分成熟后，新梢基部呈红棕色已木质化时，才刈下新梢基部一二叶以上的全部新梢，这种较粗老的采摘标准，全年只能采一二批，产量虽较高，但产值较低。

2. 适时采

根据新梢芽叶生长情况和采摘标准，及时、分批地把芽叶采摘下来。

3. 分批多次采

分批多次采是贯彻合理及时采的具体措施，是提高茶叶品质和数量的重要一环。根据茶树茶芽发育不一致的特点，先达到标准的先采，未达到标准的待茶芽生长达到标准时再采，这样对提高青叶产量和茶树生长都是有利的。

4. 留叶采

实行留叶采，可使茶树生长健壮，不断扩大采摘面，是稳定并提高产量和质量的有效措施。

二、采摘方法

茶叶采摘方法有手采和机采两种。目前我国还是以手工采为主，手工采的手法，对茶树的生长和成品茶的品质影响很大。手工采主要有以下 3 种采法。

1. 掐采

掐采即折采，是最仔细的采法，采茶时，左手按住枝条，用右手的食指和拇指的指尖，把新的芽尖或一芽一叶的芽叶，轻轻地掐摘下来，凡对幼嫩的芽叶都应用此法采摘。

2. 直采

直采是用拇指和食指夹住幼嫩芽叶，手掌掌心向上稍微着力，芽叶便落于手掌心，摘满一手掌后随即轻轻放入采茶篮中。

3. 双手采

双手采即双手都应用直采法采摘，其优点是采茶速度快，采摘量多。

第六节　鲜叶的装运、验收与存放

做好鲜叶的装运、验收与分级，不仅对指导采茶工合理采茶和按级盛装以及按级按量计工有很大作用，而且也是提高茶叶品质的重要措施。

鲜叶自茶树上采下后，内部即开始发生理化变化。为了使鲜叶保持新鲜，不致引起劣变，必须合理而及时地将鲜叶按级分别盛装，运送到加工茶厂。在装运时，鲜叶不能装压过紧，以免叶温升高劣变，因此不能用不通风的布袋或塑料袋盛装，要用竹篾编制的有小孔通气的竹箩盛装，将鲜叶松散地装入箩内，不能紧压，同时装运工具要保持清洁，不能有异味，并应尽量缩短运送时间，做到采下鲜叶随装随运。

鲜叶运送到加工茶厂后，收叶人员要及时验收，根据鲜叶的嫩度、匀度、净度和新鲜度等 4 个因素，评定等级，过磅称重，分级摊放。摊放鲜叶的场所，应阴凉、清洁、空气流通。鲜叶摊放的厚度，春茶以 15～20 厘米，夏秋茶以 10～15 厘米为宜，并随时检查叶温，适当进行翻拌。翻拌时要轻，以免鲜叶受伤变红。

练习题

1. 茶树叶片有何特征？
2. 茶园管理主要包括哪几方面的工作？
3. 简述茶树对外界环境的要求。
4. 茶树繁殖的方法有几种？各有何优缺点？
5. 怎样才是合理采茶？
6. 详述我国目前茶叶采摘标准。每种标准适合加工何类茶？

第四单元　茶叶加工

单元提要：中国是茶树的原产地，也是最先掌握制茶技术的国家。本单元较系统地介绍了各种茶类的制作方法，分别介绍了绿茶、红茶、青茶（乌龙茶）、黄茶、白茶、黑茶、再加工茶等茶类的制造技术和工艺流程，还着重介绍了龙井茶、黄山毛峰、碧螺春等中国名茶的制作过程。

第一节　制茶的演变

由发现野生茶树到唐宋时期茶普遍作为饮料为止，中国茶叶制造经过很复杂的变革。人们对茶叶的利用开始是咀嚼鲜叶，生煮羹饮，继而晒干收藏，至三国时期，人们已将采来的茶叶先做成茶饼，晒干或烘干，饮用时，碾末冲泡，这是制茶工艺的萌芽。

到了唐代，茶已成为人们普遍的饮料。为了消除茶饼的清臭味，人们发明了蒸青茶制法，即将鲜叶蒸后，捣碎制饼穿孔，穿串烘干，茶叶品质有了很大提高。自唐至宋，贡茶兴起，促进了茶叶新产品不断涌现，制茶技术也不断得到革新和提高，先是由蒸青团（饼）茶，改为蒸青散茶，饮用时亦不再需碾碎，而是全叶冲泡。在此期间，人们创造了炒青技术。到了明代，炒青茶的制法日趋完善，其制法大体是高温杀青、揉捻、复炒、烘焙至干，与现代炒青绿茶制造工艺非常相似。明代以后，在生产炒青绿茶的基础上，由于加工工艺的不断改进，相继产生了新的茶类，如黄茶、红茶、青茶等。

第二节 茶叶分类

中国茶叶生产历史悠久，茶叶种类丰富多彩，居世界之冠。我国的茶叶不仅种类很多，名称也很复杂，故茶叶行家们有句俗话“茶叶喝到老，茶名记不了”。

我国茶叶分类方法不统一，有的以产地分，有的以采茶季节分，有的以制造方法分，有的以销路分，有的以品质分。这些分类方法都不够完整。现在对茶叶的分类，基本上是根据茶叶制造方法，结合茶叶品质的特点来分类，这样较为合理。具体分为基本茶类和再加工茶类。

一、基本茶类

基本茶类即绿茶类、红茶类、青茶类、黄茶类、白茶类和黑茶类六大茶类。

1. 绿茶类

由于加工方法的不同又分为以下 4 种。

(1) 炒青绿茶。炒青绿茶是利用高温锅炒杀青和锅炒干燥的绿茶，如外销绿茶中的眉茶、珠茶等，内销绿茶中的龙井茶（见彩图 1）、碧螺春（见彩图 2）、大方、炒青茶等。

(2) 烘青绿茶。鲜叶经过杀青、揉捻，而后烘干的绿茶称为烘青绿茶，如浙烘青、滇烘青、徽烘青（通常是作为窨制花茶的原料茶），另如黄山毛峰（见彩图 3）、云南毛峰、太平猴魁、庐山云雾等。

(3) 晒青绿茶。鲜叶经过杀青、揉捻以后，用日光晒干的绿茶称为晒青绿茶，如滇青、陕青、川青、黔青、桂青等主要用作加工紧压茶的原料。

(4) 蒸青绿茶。蒸青绿茶具有“色绿、汤绿、叶绿”的三绿特点，生产于湖北、浙江、安徽、江西等省，如玉露、煎茶等。

2. 红茶类

该类是全发酵茶类，鲜叶经过萎凋、揉捻、发酵、烘干等工艺过程，茶汤和叶底都呈红色，根据其制造方法的不同，又分为以下 3 类：

(1) 工夫红茶。工夫红茶是我国传统的出口茶类，加工精细，成品分为正茶与副茶。正茶以产地命名，分列级别，如祁红工夫（见彩图4)、闽红工夫、滇红工夫（见彩图5)、川红工夫、浮红工夫、越红工夫等。副茶包括碎茶、片茶和末茶。

(2) 小种红茶。小种红茶是福建省的特产，叶形较工夫红茶粗大、松散，具有特殊的松烟香，产于福建崇安县星村乡桐木关的称“正山小种”，福建其他地区将粗大的工夫红茶，用松木烟熏，称“烟小种”。

(3) 红碎茶。红碎茶是国际规格的商品茶，鲜叶经过萎凋后，用机器揉切呈颗粒形碎茶，然后经发酵、烘干而制成。精制加工后，又分为叶茶、碎茶、片茶和末茶等花色。我国于1956年开始试制。其特点是冲泡时茶汁浸出快，浸出量大，滋味浓强，主产于四川、云南、广东、广西、海南、湖南、湖北等省，以云南、广东、广西、海南用大叶种为原料加工的红碎茶品质最好。

3. 青茶类

青茶又称乌龙茶，系半发酵茶类，其基本加工工艺流程为晒青、晾青、摇青、杀青、揉捻、干燥。青茶的品质特点是既具有绿茶的清香和花香，又具有红茶醇厚的滋味，外形条索粗壮，色泽青灰有光，内质汤色清澈金黄，滋味浓醇鲜爽，叶底呈绿叶红镶边。

青茶是我国特产，产于福建、广东、台湾三省，青茶的种类，因茶树品种的不同而形成各自独特的风味，产地不同，品质差异也十分显著，青茶分为以下5类：

(1) 武夷岩茶。它是福建崇安的特产，因其茶树生长在岩上的土壤中，故名岩茶，又分：

1) 特种岩茶。有水仙、大红袍、铁罗汉、乌龙等。

2) 一般岩茶。有单丛奇种、奇种、名种等。

(2) 闽北青茶。这类茶的产地以福建崇安、建瓯为中心，品种有水仙、乌龙等。

(3) 闽南青茶。这类茶的产地以安溪为中心，以茶树品种命名，如铁观音（见彩图6)、毛蟹、黄金桂、本山等。

(4) 广东青茶。这类茶的产地以广东饶平、丰顺为中心，品种有水仙、浪菜、凤凰、单丛等。

(5) 台湾青茶。产区分布台湾台北、新竹、南投等县，品种有乌龙、包种等。

4. 黄茶类

黄茶属轻发酵茶类，基本工艺流程近似绿茶，在制造过程中加以闷黄，因此具有黄汤黄叶的品质特点，其品种有君山银针、温州黄汤、霍山黄芽、皖西黄小茶、黄大茶、广东大叶青等。

5. 白茶类

白茶是福建特产，成茶外表披满白色茸毛，呈白色隐绿，故名白茶。制造时，只经萎凋和晾干或烘干两个过程，以保持茶叶的原形，品种有银针、白牡丹（见彩图7）、贡眉、寿眉等。

6. 黑茶类

制造时经过杀青、揉捻、渥堆、干燥的过程，成茶外形油黑，汤色橙黄，叶底黄褐，主要用作紧压茶的原料，如安化黑茶、四川边茶、普洱茶、六堡茶等，产于湖南、四川、云南等省。

二、再加工茶类

用上述各茶类为原料，进行再加工的产品，统称再加工茶类，主要包括花茶、紧压茶、速溶茶、罐装茶、药用保健茶和造型工艺茶等。

1. 花茶

花茶主要是用绿茶中的烘青绿花和香花窨制而成，主产于福建福州、浙江金华、安徽歙县、四川成都、江苏苏州、广西横县等地。品种有茉莉花茶、玉兰花茶、珠兰花茶、玳玳花茶、玫瑰花茶、柚子花茶等。

2. 紧压茶

紧压茶是以已制成的红茶、绿茶、黑茶的毛茶为原料，经过再加工，蒸压成型而制成。我国目前生产的紧压茶主要有沱茶、普洱茶、米砖茶、六堡茶、青砖茶等。

3. 速溶茶

速溶茶以茶叶为原料，用沸水提取茶叶中可溶成分，经过滤去除茶渣，获得茶汁而制成。

4. 罐装茶

罐装茶是将茶汤加一定量抗氧化剂后，装罐或装瓶，密封杀菌而制成，即开即饮，饮用方便。

5. 药用保健茶

用茶叶和某些中草药拼和后制成各种保健茶，使本来就具有营养保健作用的茶叶，更加强了它的某些防病、治病的功效。

6. 造型工艺茶

为增加茶的文化附加值，近年来全国各产茶区特别是湖南、云南、福建、安徽、江西等省研制开发生产了许多造型工艺茶，使千姿百态的中国茶更加灿烂夺目，大大丰富了茶叶市场，深受广大爱茶人青睐。

生产造型工艺茶很费工夫。有的是在初制过程中完成造型，有的是用成品茶再加工完成。目前市场上有两种方法生产造型工艺茶，一种用紧压造型而成与边销紧压茶生产工艺一样，只是原料更好，造型更美，体积变小，形状各异，多姿多彩，有方形、圆形、球形、坨形、元宝形等，有的像荔枝，有的像珍珠……这类造型工艺茶只能欣赏干茶，一经冲泡，茶叶舒展后与其他普通茶一样。另一种造型工艺茶是在初制过程中用人工结扎造型而成，比较费工夫，它不仅可以欣赏干茶，冲泡后茶叶慢慢舒展，渐渐地会显示出各种美丽的造型图案，像诗像画，有的像龙须、绣球，有的像牡丹花、玫瑰花、菊花，有的像海贝吐珠，有的像情侣相依……令人陶醉，拍手叫绝。这类茶很受海内外旅游者欢迎。

第三节　茶叶制造技术

从茶树上采摘下来的芽叶，叫做鲜叶，又称生叶、青叶、茶菁、茶草，鲜叶必须经过加工，制成各类茶叶，才适宜饮用和贮藏。这种经过加工而制成的成品叫茶叶，简称茶。

目前我国的茶叶制造分两大过程，即由鲜叶处理到干燥为止的一段过程，叫做初制，其制成品称为毛茶。毛茶再经过加工处理的过程，叫做复制，或称精制，其成品名称叫精茶。本节主要讲各类茶叶的初制工艺过程。

一、绿茶的初制工艺

中国是世界绿茶的主产国，中国绿茶产量占世界绿茶总产量的65%左右，出口量占世界贸易量75%左右，由此可见中国绿茶生产在世界茶叶生产中的重要地位。

绿茶按制法可分4大类，即炒青绿茶、烘青绿茶、晒青绿茶、蒸青绿茶。但它们的加工原理和技术要求则基本相似，绿茶的初制工艺分杀青、揉捻、干燥3个过程，在这里仅以炒青绿茶制造为例叙述如下：

1. 炒青绿茶的初制工艺

(1) 杀青。杀青是绿茶初制的第一道工序，也是决定制成绿茶品质好坏的关键。所谓杀青就是用高温破坏鲜叶中酶的活动性，制止酶促进鲜叶中内含物的氧化变化，以保持茶叶原有的青绿色。

1) 杀青的目的。杀青的目的有 3 个方面。第一，利用高温破坏鲜叶中的酶的活动，制止酶促进鲜叶中各种化学成分的氧化变化，保持固有的绿色，形成绿茶特有的香味和色泽；第二，使鲜叶内的水分，在高温作用下大量气化散去，细胞张力降低，使鲜叶变柔软，便于揉捻作业的进行；第三，发散鲜叶青臭气，产生茶香。

2) 杀青的方法。杀青有蒸青和炒青两种，我国绿茶加工大多采用炒青方法杀青，蒸青是我国古代所采用的杀青方法之一，现分述如下：

①蒸青。是用高温的蒸汽来达到杀青的目的，可以在较短的时间内破坏酶的活动，但在高温蒸汽下，叶绿素也极易被破坏，如时间稍长，叶色即变黄，同时香气低闷，所以蒸汽杀青的时间控制很重要，一般在 1～2 分钟。

②炒青。是用锅炒杀青。但由于各类茶叶的品质要求和各地生产习惯的不同，则操作方法也不尽相同。杀青的锅有斜锅和平锅两种，炒茶前需先清洁杀青用的所有工具，以免影响茶叶品质。

每锅每次投叶量的多少，要由鲜叶老嫩、含水量多少、锅子大小和温度高低等情况决定。嫩叶及含水量多的鲜叶，投叶量要少些，老叶及含水量少的鲜叶，投叶量要多些，而制名优绿茶与普通炒青茶的投叶量也不相同。总的要求是投叶量要适当。叶量过少，则叶子接触锅的机会多，水分蒸发快，叶子易炒焦；叶量过多，翻炒不易均匀，芽叶接触锅的机会不一致，就会造成杀青程度不均。

锅温的高低，视制造茶类和鲜叶的老嫩及含水量多少而定，一般炒青绿茶用的杀青锅锅口直径 0.7 米左右，锅温 220～260℃，投叶量 1～1.5 千克。鲜叶下锅后，需迅速翻炒，先抖炒约 1 分钟，再焖炒约 2 分钟，再抖炒约 3 分钟，共杀青 6 分钟左右，即可起锅。

3) 杀青程度的检验。杀青必须掌握适度，不足或过度均不好。杀青不足，酶继续活动，叶梗易发红，有青臭气，味青涩，叶子韧性差，揉捻时易破碎，茶汁易流失；杀青过度，香味平淡，叶底变暗，叶子水分蒸发过多，叶子硬脆，也易破碎。

杀青要求均匀透熟，叶质柔软带黏性，手捏茶叶成团，有些黏手，叶色变暗失去光泽，嫩梗曲折不断，青草气消失，发出茶香，即为适度。

(2) 揉捻与解块

1) 揉捻的目的。揉捻使茶叶卷紧成条，形成良好的外形。同时适当揉破叶细胞，使茶汁流出黏附于叶表面，冲泡时细胞中的物质易浸出，增加茶汤浓度。

2) 揉捻方法。可手工揉捻，也可用机器揉捻，茶叶揉捻机如图4—1所示。制绿茶的揉捻工艺有冷揉与热揉之分，冷揉即将杀青叶经过摊凉，使热气适当散发，保持杀青叶鲜爽的香气和翠绿的色泽，并使叶中的水分分布平衡，变为柔软后进行揉捻。热揉即鲜叶杀青后，不经摊凉而趁热揉捻。嫩叶宜用冷揉，因嫩叶纤维少，韧性大，水溶性果胶含量多，易形成条索，且嫩叶冷揉能保持黄绿明亮的汤色和嫩绿的叶底。老叶因纤维多，叶质粗硬，宜采用热揉。这是利用叶质受热变软的特性，有利于老叶揉紧成条，减少碎末茶，提高外形品质。

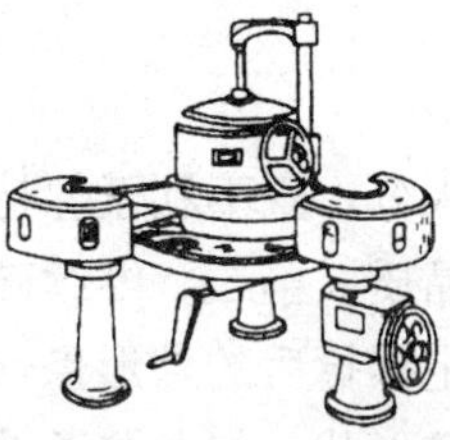

图4—1 茶叶揉捻机

揉捻过程中，需要加压。加压的轻重与加压时间，与茶叶条索的松紧，叶细胞的破碎率及内质的色、香、味均有很大的关系。整个揉捻过程的加压原则应该是“轻—重—轻”，开始揉捻的5分钟内不应加压，待叶片逐渐沿着主脉初卷成条后再加压，促进条索形成和细胞的破碎，待茶汁揉出后，再去加轻压，使茶汁被茶条吸收，以免流失。

绿茶的揉捻程度，要根据成茶规格、销售对象、饮用习惯而定。一般绿茶要求多次冲泡，同时不要求茶多酚的化合氧化，因此在揉捻过程中不需要大量破坏细胞，否则会使滋味苦涩，不耐冲泡，茶汤浑浊。但细胞破碎程度不够，会使条索不紧，滋味淡薄。一般绿茶揉捻程度以细胞破碎率在50%～60%为宜，主要依茶类而定，如外销的眉茶和珠茶，要求香高味浓，揉捻程度要较重。内销茶要求多次冲泡，滋味醇和，揉捻程度宜轻，高级龙井等内销名茶，则都不经过专门的揉捻程序。

3) 解块分筛。杀青叶经过揉捻后，易结成团块，需经解块分筛机（见图4—2）分筛，解散团块，降低叶温，有利于使茶条挺直均匀一致，和保持绿茶清汤绿叶的品质特征。

(3) 干燥

1) 干燥的目的。第一，经揉捻解块后的茶坯中，含有60%左右的

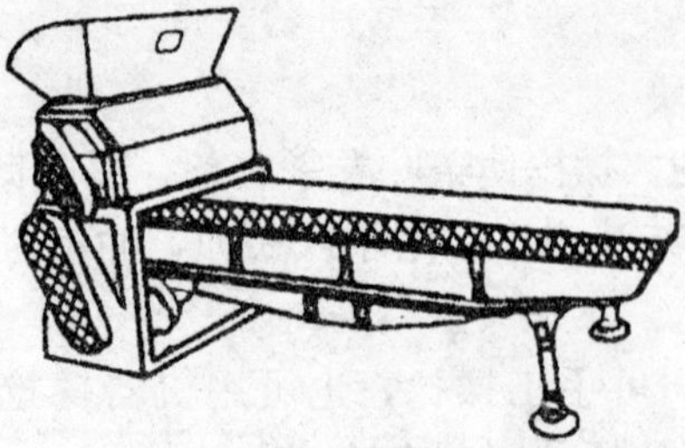

图 4—2　解块分筛机

水分，既不利于保持品质，也无法贮藏运输，因此必须干燥，以固定其品质。第二，继续破坏叶中残余酶的活性，进一步发挥茶香。第三，固定揉捻后的外形条索，并在炒干过程中采用不同的手法以制造成茶的特殊形状，如龙井茶的扁平形、碧螺春的螺旋形、珠茶的圆珠形等。

2）干燥的方法。绿茶的干燥方法分炒干、烘干与晒干等，炒干的称炒青、烘干的称烘青、晒干的称晒青，由于干燥方法的不同，其成茶品质也各异。绿茶的干燥一般分两次进行，即初干与再干。下面具体讲述炒青绿茶的干燥方法。

炒青绿茶的初干，一般先用烘干机进行烘干，因揉捻适度的湿茶坯尚含有较多的水分，如直接用炒锅炒干，其茶汁易黏结在锅壁而形成锅焦，产生焦烟气味，焦末黏附在叶上，冲泡后则汤色浑浊，影响茶叶品质，而初干采用烘干机烘干，可避免上述不良影响。

烘干时必须注意，摊叶要求薄而均匀，且需及时翻烘，使茶叶受热均匀，干燥程度一致。烘干的温度在 90℃左右，烘10～20分钟，至手捏叶不黏，茶叶的含水量在 35%～40%，即可下烘摊凉。

摊凉的目的是让茶条内外水分重新扩散分布平衡，以利于再干时能达到干燥程度均匀一致，避免外干内湿的现象，摊凉时摊叶厚度约 1 寸，摊凉时间在半小时左右为宜。

炒青绿茶的再干，是在炒锅内进行的。手工炒茶，一般用直径 60 厘米的炒锅，投入初干叶 1～1.5 千克，锅温 110～120℃。初干叶下锅后，用双手勤翻扬抖茶叶，使水分快速散去，到茶叶不黏手时，适当降低火温，改变手法，用滚炒做条，使茶条挺直而紧结，做条时温度应慢慢降低，手势也逐渐减轻，炒约 30 分钟，条索较紧，已有五六成干时，即为适度，可起锅摊凉。

炒青绿茶干燥的最后一道工序是辉锅。辉锅的目的是继续整形，使茶条进一步紧结，茶条表面产生调匀的灰绿色。辉锅开始时的锅温在

80～90℃，以后逐渐降低到 60℃左右，炒至手捏茶条成粉末，含水量 6%～8%，即可起锅，稍经摊凉后，收藏于密闭的容器中。

2. 内销名优绿茶的制造

我国内销名优绿茶的品种甚多，其制造方法也不尽相同，但其基本技术处理则相近似，现将较有代表性的龙井茶、碧螺春、黄山毛峰的制造方法讲述如下：

（1）龙井茶的制造。龙井茶是我国传统名茶之一，历史悠久，因产于杭州龙井而得名，龙井茶的制造技术相当考究，其制造程序为：

1）摊放。鲜叶采回后，需先在室内进行薄摊，摊叶厚度 3 厘米左右，摊放时间约 8 小时，减重 15%～20%，鲜叶含水量在 70%左右即可，目的是散发青草气，减少苦涩味，有利于提高品质。

2）筛分。经摊放的鲜叶，需进行筛分，分成大、中、小 3 档，分别进行炒制，这样可针对不同档次的鲜叶，采用不同的锅温和不同的手势来炒制，才能恰到好处。

3）炒制。龙井茶的制作精细是其特点，在炒制过程中（见彩图 8），炒茶的火力不但要大而均匀，且需能根据炒制过程的需要，调节火力的强弱。在炒制前需用茶油揩擦锅面，保持锅面光滑，使成茶的外形色泽润滑有光，增加美观。龙井茶的制造全凭一双手在一口光滑特制的铁锅中，不断变换手法炒制而成。炒制的手法有抖、搭、拓、捺、甩、抓、推、扣、压、磨等，号称十大手法。炒制时，根据鲜叶大小、老嫩程度和锅内茶坯成型程度，不断变换手法，只有熟练掌握炒制技艺的人，才能炒制成色、香、味、形俱佳的龙井茶。

高级龙井茶的制法分青锅、回潮和辉锅 3 道工序。

①青锅。即杀青与初步成型的过程。当锅温达 80～100℃时，锅面搽油，使锅面光滑，投入约 100 克经过摊放的鲜叶，开始时以抓、抖手式为主，散发一定的水分后，逐渐改用搭、压、抖、甩等手法，进行初步造型，压力由轻而重，达到理直成条，压扁成型的目的，炒至七八成干时即起锅，历时约 15 分钟。

②回潮。青锅起锅后的茶叶，进行薄摊回潮，摊凉后经分筛，筛底筛面茶分别进行辉锅，摊凉回潮的时间一般为 40～60 分钟。

③辉锅。辉锅的目的，是进一步整形和炒干，通常 4 锅青锅合为一锅进行辉锅，叶量约 250 克，锅温 60～70℃，需炒制 20～25 分钟，锅温掌握低、高、低过程，手势压力逐步加重，主要采用抓、扣、磨、压、推等手法。其要领是手不离茶，茶不离锅，炒至茸毛脱落，茶条扁

平光滑，茶香透出，茶条折之即断。含水量达5%～6%为适度，即可起锅，摊凉后簸去黄片，筛去茶末即成。

(2) 黄山毛峰制造。黄山毛峰是我国极品名茶之一，产于安徽黄山地区。黄山毛峰采摘细嫩，特、一级毛峰采摘标准为一芽一叶初展。鲜叶采回来后，先进行拣剔，剔除病叶、梗、茶果以及不符合标准要求的叶子，以保证芽叶质量均匀。然后将不同嫩度的鲜叶分别摊放，散失部分水分，为了保质保鲜，要求：上午采，下午制；下午采，当夜制。制造方法分杀青、揉捻、干燥3道工序。

1) 杀青。黄山毛峰杀青在锅内进行，锅温为130～150℃，先高后低，投叶量为400克左右。鲜叶下锅后，用手敏捷翻炒，锅温先高后低。杀青程度要适当偏老，即芽叶质地变柔软，表面失去光泽，青气消失，茶香显露。杀青时间约3分钟。

2) 揉捻。制黄山毛峰揉捻与否视原料的嫩度而定：制特、一级的原料较嫩，在杀青适度时不起锅，继续在锅内以边炒边揉的手法，加以整条，不出锅揉捻；二三级原料杀青起锅后，及时散失热气，轻揉约2分钟，使之卷紧成条，茶汁揉出即可，揉捻时速度宜慢，压力宜轻，边揉边抖散，以保持芽叶完整，白毫显露，色泽绿润。

3) 烘干。黄山毛峰的干燥方法是烘干，分初烘与足烘。初烘时每只杀青锅配4只烘笼，火温先高后低，第一只烘笼烧明炭火，烘顶温度90℃，以后3只笼烧温度依次下降为80℃、70℃、60℃左右，边烘边翻，顺序移动烘顶，初烘时摊叶要匀，翻叶要勤，操作要轻，火温要稳，烘到六七成干时下笼进行摊凉，至茶叶还软后，进行足烘。

足烘的温度为60℃左右，投叶量为3笼初烘叶合并1笼，文火慢烘，时加翻拌，使茶叶干燥均匀，烘至叶色呈黄绿色时，足干下笼。

(3) 碧螺春的制造。碧螺春亦为我国著名内销绿茶，产于江苏吴县太湖洞庭山。碧螺春的品质特点：外形细嫩、白毫显露，条索细紧匀整、呈螺形卷曲，色泽翠绿油润，清香持久，滋味清鲜回甜，汤色碧绿清澈，叶底嫩绿明亮。

碧螺春茶采摘特点为采得早、采得嫩、拣得净。每年春分前后开采，谷雨前后结束，以春分至清明采制的明前茶品质最高，通常采一芽一叶初展，鲜叶采回后，必须及时进行精心拣剔，剔去鱼叶、嫩茶果及不符合标准的芽叶，保持芽叶匀整一致，一般上午5—9时采摘，9—15时拣剔，晚上进行炒制，制造过程分杀青、揉捻、搓团显毫、烘干等工序。

1）杀青。在平锅或斜锅内进行，锅温约 190℃，投叶量 500 克，炒时以抖为主，双手翻动，要求撩得净，抖得散，杀熟杀透，焖抖结合。杀青时间约为 3～5 分钟，芽质柔软，青臭气转为略有清香，失去原有光泽，即已杀青适度。

2）揉捻。当杀青适度后，即在原锅内进行揉炒，锅温降至 70℃左右，采用抖、炒、揉 3 种手式交替进行，随着茶叶水分的散失，锅温也必须逐渐降低，炒揉时，手握茶叶松紧适度，当茶叶达到六七成干，时间约 10 分钟时，继续降低锅温，转入搓团显毫过程。

3）搓团显毫。它是形成形状卷曲似螺和茸毫披满的关键过程，此时锅温降至 45℃，边炒边用双手用力地将全部茶叶揉搓成数个小团，不时抖散，反复多次，搓至条形卷曲，茸毫显露，达八成干左右，历时约 15 分钟。

4）烘干。用轻搓、轻揉手法，达到固定形状、继续显毫、蒸发水分的目的。当达到九成干时，起锅将茶叶放在桑皮纸上，连纸放在锅中，用文火慢慢烘至足干，锅温约 30℃，足干叶水分含量在 7%左右。

二、红茶的初制工艺

红茶初制工艺过程是萎凋、揉捻、发酵、干燥 4 道工序。

1. 工夫红茶的制造

工夫红茶的制造又分初制与精制两个阶段，这里主要讲述工夫红茶的初制工艺。

（1）萎凋。将采下的鲜叶摊放使其失去部分水分，叶质变柔软。

1）萎凋的目的。从茶树上采下的鲜叶，一般含水量在 76%左右，叶质脆硬，不仅揉捻时易破碎，而且茶汁易随水分流失，直接揉捻会降低品质，因此，需经过萎凋，蒸发一部分水分，降低叶细胞的张力，使鲜叶变柔软，为揉捻创造条件。另一方面鲜叶经过萎凋失去一部分水分，细胞汁浓度提高，引起内含物质的一系列化学变化，为形成红茶色香味的特定品质奠定基础。

2）萎凋的方法。萎凋可分室内自然萎凋与萎凋槽萎凋两种。

①自然萎凋。在萎凋室内，装萎凋架，架上设置多层萎凋帘，帘间距离约 20 厘米，鲜叶以每平方米摊放 0.5 千克，均匀摊放在帘上，萎凋最适宜的温度为 20～24℃，最适宜的相对湿度为 70%左右，在这种条件下，萎凋需历时 18～24 小时。

②萎凋槽萎凋。这种萎凋是在特制的萎凋槽内进行，槽长 10 米，宽 1～1.5 米，高 0.8 米，槽底有匀温坡度及加热鼓风设备，槽面设置盛茶帘，鲜叶以每平方米摊放 2～2.5 千克均匀摊放在帘上，槽下送凉风或热风，加速水分的蒸发，热风的温度最高不可超过 30℃，萎凋时间一般为 6～8 小时。

3）萎凋程度。当萎凋叶含水量在 60%～62%，叶片柔软，嫩茎手折不断，手握茶叶成团，松手不易散开，叶色由鲜绿变为暗绿，叶面失去光泽，并且有清香，此时即为萎凋适度。

（2）揉捻

1）揉捻目的。工夫红茶的揉捻目的有 3 个。

①破坏叶细胞组织，揉出茶汁，便于萎凋后的鲜叶在酶的作用下进行必要的氧化作用。

②茶汁溢出，粘于茶叶的表面，增进滋味的浓度。

③使芽叶紧卷成条，达到工夫红茶外形的规格要求。

2）揉捻的方法。揉捻时应根据原料的老嫩、揉捻机的性能和气温的高低灵活掌握揉捻时间的长短、加压的轻重和揉捻的次数。

①揉捻加压轻重的掌握。根据实践经验，揉捻加压应掌握“轻一重一轻”的规律。

②揉捻时间的长短和次数。嫩叶或轻萎凋叶应轻压，揉捻时间可稍短；老叶或重萎凋叶应适当加压，揉时稍长。气温高，揉时宜短；气温低，揉时宜长。一般揉捻 1 次或 2 次不等。

3）解块分筛。鲜叶在揉捻过程中，易黏结成团，要进行解块分筛，打破团块，散发温度，用筛子筛后，筛底茶坯进行发酵，筛面茶条较粗松，可再度揉捻。

4）揉捻程度

①现象观察。芽叶紧卷成条，用手紧握茶坯，有茶汁外溢，茶坯局部变红，并散发较浓的青草气，即可初步断定揉捻适度。

②生化检验。以 10%的重铬酸钾溶液浸揉捻叶，5 分钟后，用水洗净药剂，展开叶片，细胞破碎部分为黑褐色，未破碎部分仍保持原来的绿色，从染色程度测定叶细胞破碎的百分率，如达到 80%以上的细胞破损，即为揉捻适度。

（3）发酵。发酵是指经过揉捻的叶的化学成分在有氧的情况下氧化变色，从而形成红茶红叶红汤品质特点的过程。发酵是在发酵室内进行的。

1）发酵的目的。发酵是一个复杂的生物化学变化的过程，主要是使芽叶中的多酚类物质在酶的参与下发生氧化聚合作用，生成茶黄素和茶红素，其他化学成分也同时相应地发生变化，形成红茶特有的色香味。

2）发酵的条件

①温度。发酵时的温度，一般由低到高，最高不得超过28℃，最适宜的温度为22～24℃，并应随时注意叶温的变化。

②湿度。发酵室内的相对湿度应保持在95%～98%，当湿度低时，可用喷雾器喷水于墙面上、窗帘上，以提高湿度，但不能有水滴入叶内。

③通气。发酵是多酚类物质的氧化过程，因此发酵室应保持空气流通，以保证空气中氧气供给充足。

3）发酵的方法。先将木制或竹制的发酵盘（盘高约15厘米）用清水浸湿，然后将经过解块分筛的揉捻叶，按4～8厘米的厚度摊放在盘内，上覆湿布，注意湿布不可与茶叶接触。发酵时间，春茶2～3小时，夏茶约1.5小时。

4）发酵程度的检查

①现象观察。当叶片、茎以及叶面上的茶汁均呈黄红色，青草气味全部消失，有浓厚的茶香，即可认为发酵适度。

②物理观测。每15分钟检测叶温1次，发酵叶叶温平稳，并开始下降时，即为发酵适度。

（4）干燥

1）干燥的目的

①制止酶的活动，停止发酵，使发酵形成的品质固定下来。

②蒸发茶叶中的水分，缩小体积，紧缩条索，固定外形，保持足干，防止霉变。

③散发大部分低沸点的青草气，发展红茶的特有香气。

2）干燥的方法。红茶干燥一般分两次进行烘干，第一次称毛火，第二次称足火。

①毛火。烘干温度较高，一般进烘温度为105℃，摊叶厚度为1.5～2厘米，时间为15分钟左右，茶坯含水量为25%，下烘后摊凉30分钟。

②足火。温度较低，一般在90℃左右，摊叶厚度为2～2.5厘米，时间15分钟，茶叶含水量达5%～6%，足火下烘后应立即摊凉，散发

热气，待茶叶温度降至略高于室温时，装箱贮藏。

3）干燥程度的检测。毛火时以用手握茶有刺手感和梗子不易折断为适度；足火时以用手握茶刺手、用力握即有断脆声、用手指捏茶条成粉末、有浓烈的茶香为适度。

2. 红碎茶的初制

红碎茶的初制与红条茶的初制基本相似，其初制工艺分为萎凋、揉切、发酵、干燥4道工序，除揉切工序外，其余均与红条茶初制方法相同，但各工艺的技术指标则不相同。

（1）萎凋。红碎茶的萎凋方法，大多采用萎凋槽萎凋，萎凋程度的掌握则根据揉切机具而定：用转子机加工，其萎凋叶含水量为59%～61%；用C·T·C机加工，则萎凋叶含水量为68%～72%。

（2）揉切。揉切是红碎茶初制过程中的主要工序之一，由于揉切采用的机具不同，工艺技术亦不相同，产品的外形、内质亦不相同，我国除海南省茶厂利用进口C·T·C机加工外，其余各省各厂大都采用转子机加工。

1）转子机制法。将萎凋叶由输送带输入转子机内进行揉切，其优点为生产效率高，颗粒较紧结，成茶的鲜强度较好，但是茶坯在转子机中，因受到强烈的挤压和绞切而产生高温，在短短的几分钟内，茶坯升温5～10℃，给发酵带来不利影响。

2）C·T·C机制法。C·T·C机是一种对萎凋叶进行碾碎、撕裂、卷曲的双齿辊揉切机。切碎颗粒大小依喂粒辊和搓撕辊齿隙而定，齿隙最小距离为0.05～0.08毫米，最大不超过0.2毫米。茶坯通过喂粒辊进入两辊相交的切线位置上，被高速搓撕、碾碎而成为颗粒，揉切作用强烈而快速，叶温有瞬间上升，但由于齿辊系敞开的，其升温在输送带上即可散失。但C·T·C机对鲜叶的嫩度要求较高，同时齿辊容易磨损，每作业200小时需清洗一次，以保持齿的锋利。

3）发酵和干燥。其方法与红条茶相似，不再详述。

三、青茶的初制工艺

青茶又称乌龙茶，其制造工序概括起来可分为萎凋（晒青和凉青）、摇青、杀青、揉捻、烘焙和包揉、干燥等，具体操作工序如下。

1. 晒青

晒青是萎凋的一种方式，亦称“日光萎凋”。先将鲜叶薄摊在水筛或篾垫上，然后放置日光下进行萎凋。日光不宜强烈，一般上午采摘的鲜叶，在10时前或下午3—4时日光较弱时进行，以气温在20～25℃，无大风为宜。晒青减重率 10%～15%，即当晒青叶仍含有 70%的水分时，为晒青适度。如遇天气阴雨，则采用室内加温萎凋。

2. 凉青

经晒青或烘青后的萎凋叶，移至阴凉通风处静置摊凉，一方面散发热量，一方面使茎梗中的水分向叶片扩散。叶子经凉青后又呈紧张状态，在气温低、湿度大的情况下，凉青时间约为30～60分钟；在气温较高和较干燥的天气时，凉青时间约为10～30分钟。

3. 摇青

摇青亦称做青，将经晒青摊凉后的鲜叶置于水筛上（或摇青机内），通过力的作用或机器的转动，使茶叶在水筛上回转运动，促使叶缘受到摩擦，破坏叶细胞组织，茶多酚物质发生酶性氧化和缩合，使这一部分叶子变红。整个做青过程，大致要摇青4～8次。摇青时要掌握循序渐进的原则，转数由少到多，用力先轻后重，摇后凉青摊叶先薄后厚，凉青时间先短后长，在 8～10 小时内有控制地进行。在摇青过程中，从第二次或第三次摇青起，中间都加“做手”处理，以调节摇青的程度和控制叶子变红的速度。

4. 杀青（也有叫炒青）

杀青是利用高温破坏酶的活力，停止发酵作用，防止叶子继续变红，固定摇青形成的品质。另外，杀青蒸发一部分水分，使叶质柔软，适于揉捻。

青茶的杀青，不同于绿茶杀青，因叶子含水量较少，应掌握“适当高温，投叶适量，翻炒均匀，焖炒为主，扬炒配合，快速短时”的原则，锅温 200～260℃，时间一般在 5 分钟，此时叶缘卷曲，叶梗柔软，手捏叶有黏性，青气消失，散发清香，叶色转黄绿，茶叶含水量在65%左右。

5. 揉捻

揉捻是将杀青叶，经过反复搓揉，使叶片由片状而卷成条索，形成青茶所需要的外形，同时破碎叶细胞，使茶汁黏附叶表，以增浓茶汤。揉捻应掌握“趁热、适量、快速、短时”的原则，揉捻过程中，加压要“轻—重—轻”。

6. 烘焙和包揉

（1）初焙。主要是蒸发部分水分，便于包揉，初焙应适当高温，以100～110℃为宜，力求茶条干湿一致，烘至六成干，即茶条不黏手时即可包揉。

（2）初包揉。用白细布，将初焙的茶坯趁热包裹，进行包揉，运用揉、搓、压、抓的手法，使茶叶在包中转动，揉时要先松后紧，用力要先轻后重，每包叶量 0.5 千克左右，包揉过程中要翻拌 2～3 次，揉至卷曲成条，历时约 3 分钟，即将茶解开散热。

（3）复焙。火温掌握在 80～85℃，约焙 10 分钟，其中翻拌 2～3 次，至手握茶团微感刺手时，即可起焙。

（4）复包揉。主要是进一步整形，使茶条卷曲紧结，耐于冲泡，其方法是将复焙茶叶，趁热包揉约 2 分钟即可。

7. 干燥。应采取低温慢烤，分两次进行：第一次火温70～75℃，至八九成干时起焙摊凉；第二次火温 60～70℃，焙至茶梗手折断脆，气味清纯即可。

四、白茶制造工艺

白茶是福建特产，其制造工艺较为简单，但不易掌握，要求茶多酚轻度而缓慢地氧化，形成汤色嫩黄，叶底嫩白，香味清鲜的品质。具体制造工艺为：

1. 萎凋

先将鲜叶薄摊在水筛内，要摊得均匀，然后放在通风的地方进行较缓慢的萎凋，直至八成干左右，萎凋过程中不能翻拌。

2. 干燥

萎凋至八成干的叶子，品质已基本固定下来，可以在强烈的日光下曝晒或焙笼烘干，直到足干为止。

五、黄茶的制造工艺

黄茶的制造工序为杀青、揉捻、闷黄、干燥，但揉捻并非黄茶加工必不可少的工序，如君山银针、蒙顶黄芽等就不经过揉捻。

1. 杀青

黄茶杀青应掌握“高温杀青，先高后低”的原则，以彻底破坏酶的活性，防止产生红梗红叶，要杀透杀匀。

2. 揉捻

黄茶揉捻要热揉，有利于加速闷黄的过程。

3. 闷黄

闷黄是制造黄茶的特殊工艺，也是形成黄叶、黄汤品质特点的关键工序，即将揉捻叶堆闷在竹篓中，使叶色变黄，香气滋味也随着改变。根据不同的茶叶品种及其制造工艺，闷黄时间也各有长短，如君山银针、霍山黄芽为 2～3 天，蒙顶黄芽为 1～2 天，北港毛尖为 30～40 分钟，黄大茶为5～7天。

4. 干燥

一般采用分次干燥，干燥方法有烘干和炒干两种，干燥温度偏低，第一次到七八成干，第二次到足干。

六、黑茶的初制工艺

湖南安化的黑茶、四川边茶、广西六堡茶、云南普洱茶等均属黑茶类，黑茶是经过渥堆后发酵的茶类，其初制工艺各地略有不同。仅以湖南安化黑茶为例介绍黑茶的制作工艺，其制作工艺分杀青、揉捻、渥堆、复揉、干燥5道工序。

1. 杀青

杀青的目的与绿茶相同：破坏酶的活性，使叶内水分蒸发散失，促使叶质变软，便于揉捻。

2. 揉捻

通过揉捻，破坏叶细胞，使茶汁流出，并使叶片紧卷成条。

3. 渥堆

渥堆是黑茶制造的重要工序。渥堆的目的是使揉捻叶在堆积中充分进行发酵。当叶片由暗绿色变为黄褐色，青气消除，产生酒糟味时，即为渥堆适度。

4. 复揉

复揉的主要目的是使渥堆回松的叶子进一步揉成条，并进一步破坏叶细胞，以提高茶的紧结度和增加茶的香味。

5. 干燥

干燥是在特砌的“七星灶”上用松柴明火烘焙，因此茶叶带有特殊的松烟香味。

第四节 再加工茶类制造

所谓再加工茶，即以成品茶为原料进一步深加工为新的品种，如花茶、速溶茶、紧压茶等。

一、花茶的窨制

花茶是中国特有的茶类，它是以经过精制的烘青绿茶为原料，经过窨花而成。花茶也称熏花茶、香花茶、香片。花茶命名有的依窨制的花类如茉莉花茶、珠兰花茶、玉兰花茶、柚子花茶、玳玳花茶和玫瑰花茶等，也有的把花名或茶名连在一起的如珠兰大方、茉莉烘青等，还有的在花名前加上窨花次数为名的如双窨茉莉花茶等。

1. 花茶窨制的原理

花茶的窨制是将鲜花与茶叶拌和，在静置状态下，茶叶缓慢吸收花香，然后除去花朵，将茶叶烘干而成花茶。花茶加工是利用鲜花吐香和茶叶吸香两个特性，一吐一吸，使茶味花香水乳交融，这是花茶窨制工艺的基本原理。由于鲜花的吐香和茶叶的吸香是缓慢进行的，所以花茶窨制过程的时间较长。

2. 花茶窨制工艺

花茶窨制工艺分茶坯处理、鲜花维护、拌和窨制、通花散热、收堆续窨、转窨或提花、复火摊凉、匀堆装箱等工序。

(1) 茶坯处理。茶坯的干燥程度是影响吸收花香多少的主要因素，因此，在窨花前如茶叶水分超过 7%，一般要先进行复火干燥，使茶叶含水率降到 4%左右，复火后的茶坯需要摊凉冷却，待叶温下降到略高于室温 1～3℃时方可窨花。

(2) 鲜花维护。各类鲜花在采收、运输过程中，要严防掀压、损伤和发热，进厂后要在阴凉洁净的地方及时薄摊散热。

(3) 拌和窨花。拌和前首先要确定配花量，即每 100 千克茶坯用多少千克鲜花，配花量是依据香花特性、茶坯级别以及市场的需要而定。一般 100 千克茶坯用 100 千克茉莉鲜花，分次窨花，每次用花量不超过 40 千克。

茶花拌和要求混合均匀，动作要轻且快，茶叶吸收花香靠接触吸收，茶与花之间接触面越大、距离越近，对茶坯吸收花香越有利。窨堆高度，如茉莉花茶一般在 30 厘米左右。

(4) 通花散热。窨堆由于鲜花的呼吸作用，产生热量，堆温会上升，并会产生水闷味，所以经过一定时间，堆温上升到一定程度，需及时散堆薄摊，翻动散热，让茶坯温度下降。

(5) 收堆续窨。待茶坯温度下降到略高于室温时，即收堆续窨。收堆温度应掌握适度：过高则散热不透，易引起茶香气不纯爽；过低则不利于茶坯对花香的吸收。收堆的高度应略低于通花前的高度。

(6) 起花。通花后续窨时间不宜过长，需适时起花，用抖筛机将茶和花分离，筛出的茶叶称湿坯，需及时复火干燥。筛出的花朵或花渣要及时摊凉，复火干燥。

（7）复火。起花后的茶坯水分含量一般可达 12%～16%，采用 100～110℃薄摊快速干燥方法进行复火干燥。烘干后的茶叶含水量约为 8.5%。

二、速溶茶制造

速溶茶是以成品茶为原料，通过提取、过滤、转溶、浓缩、干燥、包装等工艺处理，加工而成的一种小颗粒状、易溶于水的固体饮料。

20 世纪 40 年代，随着速溶咖啡的发展，在美国首先进行了速溶红茶的试制。到 50 年代在美、英等国，速溶茶均已发展成为一种茶叶新品种在市场上销售。70 年代，我国亦开始试制速溶茶，其制造工艺如下：

1. 提取

首先用符合饮用标准的沸水浸泡茶叶用来抽取茶叶中可溶于水的物质。浸提时可采用多桶密闭连续浸提的方法。通常提取茶叶水可溶物总量控制在 30%左右。

2. 过滤

茶提取液中含有碎末和悬浮杂质，因此必须经过净化处理。净化处理的主要方法是采用压滤加高速离心机过滤，去除沉淀物。

3. 转溶

红茶的提取液中还存在一种冷到 5℃时就会产生“冷后浑”的茶乳酪，这种物质的多少是红茶质量优次的标志。但该物质不能冷溶，故必须转溶方可符合速溶茶冰水冲饮的要求。

4. 浓缩

经净化处理后的提取液，浓度较低，必须加以浓缩，除去大部分水分，才能进行干燥。浓缩时可用真空离心薄膜蒸发机进行，以达到低温、快速、保证品质的目的。

5. 干燥

目前速溶茶的干燥方法，主要有喷雾干燥和真空冷冻升华干燥两种。

（1）喷雾干燥。这种方法是将浓缩液通过雾化器化成极小的雾滴，喷进密封的干燥机中，与炽热的空气进行剧烈的热交换，形成颗粒直径不同的小空气球。

（2）真空冷冻升华干燥。首先将浓缩液薄摊在不锈钢盘内，冷冻成固体冰，然后在真空低温的条件下，将水分从冰直接转化为汽而排除，浓缩液被直接干燥成固体。

6. 包装

速溶茶具有亲水性强、极易吸湿的特点。包装不好，极易潮解结块，因此包装车间必须有调温和调湿设备，以控制温、湿度，并且必须密封包装速溶茶。

三、紧压茶的压制技术

紧压茶的压制，过去多用手工操作，不仅劳动强度大，而且生产效率低；现在大都使用机器操作，从而减轻了劳动强度，提高了生产效率，且产品质量也有很大提高。紧压茶的品种很多，但其压制的主要工序基本相似。

1. 称茶

为使每块紧压茶重量一致，必须根据茶坯含水量折算后，准确称茶。

2. 蒸茶

茶坯要蒸透、变软、增加黏性，以便压紧成型。

3. 装匣

先在匣内放好硬木衬板和铝底板，擦点茶油，以免粘匣，然后装茶入匣。趁热扒平，趁热盖好擦了茶油的花板。

4. 预压

将装茶坯的茶匣推到预压机下预压，预压的目的是压缩茶坯体积和成型。

5. 紧压

采用蒸汽压力机压紧。

6. 冷却定型

压紧后须凉置冷却 2 小时左右，使形状紧实固定。

7. 退匣

按压制先后顺序依次退匣。

8. 干燥

在具有暖气的干燥室内进行，以青砖茶为例：开始 3 天内，室温 35～48℃，相对湿度为 90%；中期 3～4 天，室温40～50℃，相对湿度为 80%左右；后期 3～4 天内，室温 55～70℃，直至干燥适度，停止加温，冷却 1～2 天后出烘。

练习题

1. 我国茶分为几大类？对每类茶列举2～3个茶名。
2. 绿茶初制工艺有几道工序？每一道工序的目的是什么？
3. 绿茶初制的杀青与红茶初制的萎凋其作用有何异同之处？
4. 为什么说红茶是全发酵茶？青茶是半发酵茶？绿茶是不发酵茶？
5. 花茶窨制是根据什么原理进行的？
6. 花茶窨制过程中的“通花”“起花”“提花”有何不同？

基础知识模拟测试（一）

（一）填空题（请将正确的答案填在横线空白处；每空1分，共20分）

1. 我国茶区目前大致分为__________、__________、__________、__________四大茶区。

2. "茶"字的__________、__________、__________是由中国最早确立的。

3. 适宜茶树生长的土壤pH值为__________。

4. 茶树上的芽分__________和__________两种。

5. 我国目前茶叶采摘标准分__________、__________、__________、__________4种。

6. 茶园秋末冬初进行__________，并结合施__________。

7. 我国绿茶由于加工方法的不同又分为__________、__________、__________、__________。

（二）判断题（下列判断正确的请打"√"，错误的请打"×"；每题2分，共20分）

1. 中国是世界上最早利用茶树的国家。（　）

2. 我国茶区幅员广阔，全国共有20个省（区）市产茶。（　）

3. 灌木型茶树有明显的主干，主干与分枝易区分。（　）

4. 茶树的花是单性花，所以茶树是异花受粉的植物。（　）

5. 制名优绿茶大都是采一芽一叶，这样制成的茶叶品质较好。（　）

6. 我国现在对茶叶的分类，基本上是按照采茶季节和茶叶的品质来分类的，这样分类较为合理。（　）

7. 西湖龙井的品质特点是"外形细嫩，白毫显露"。（　）

8. 红碎茶的初制工艺与红条茶的初制工艺完全一样。（　）

9. 绿茶、青茶、黄茶初制时，杀青的目的各不相同。（　）

10. 花茶窨制过程中的"起花"与"提花"的作用相同。（　）

（三）单项选择题（下列每题有3个选项，其中只有一个是正确的，请将其代号填在横线空白处；每题2分，共20分）

1. 编撰世界历史上第一部茶业专著——《茶经》的是__________。

A. 神农　　B. 华佗　　C. 陆羽

2. 茶树的营养芽，依其生长部位的不同可分为________。

A. 顶芽和腋芽　　B. 定芽和不定芽　　C. 腋芽和不定芽

3. 适宜茶树生长的土壤为__________土壤。

A. 碱性　　B. 中性　　C. 酸性

4. 茶叶采摘时实行留叶采，将__________。

A. 影响茶叶的产量

B. 稳定茶叶产量和提高茶叶质量

C. 不能提高产量，只能提高质量

5. 具有“色绿、汤绿、叶绿”三绿特点的茶叶为________。

A. 炒青绿茶　　B. 烘青绿茶　　C. 蒸青绿茶

6. 碧螺春的采摘特点为__________。

A. 早、嫩、勤　　B. 早、嫩、匀　　C. 早、嫩、净

7. 外形“白毫显露”是__________的品质特点之一。

A. 黄山毛峰　　B. 西湖龙井　　C. 碧螺春

8. 茶叶初制揉捻过程中加压的规律为__________。

A. 重—轻—重　　B. 轻—重—轻　　C. 轻—轻—重

9. 红茶、青茶、白茶萎凋适度时的萎凋叶的含水量以__________为最低。

A. 红茶　　B. 白茶　　C. 青茶

10. 适于加工沱茶的原料茶为__________。

A. 烘青绿茶　　B. 炒青绿茶　　C. 晒青绿茶

（四）简答题（每题 8 分，共 40 分）

1. 从哪几个方面可以说明中国是世界茶树的原产地？

2. 茶树的叶片有何特征？

3. 我国目前对茶叶是根据什么进行分类的，共分为几种茶类？对每种茶类列举一二个茶名。

4. 为什么说绿茶是不发酵茶？

5. 花茶窨制是根据什么原理进行的？

基础知识模拟测试（一）答案

（一）填空题

1. 江北茶区　江南茶区　华南茶区　西南茶区　2. 音　形　义

3. 4.5～6.5　4. 营养芽　花芽　5. 细嫩的标准　适中的标准　偏老的标准　粗老的标准　6. 深耕　基肥　7. 炒青绿茶　烘青绿茶　蒸青绿茶　晒青绿茶

（二）判断题

1. √　2. √　3. ×　4. ×　5. ×　6. ×　7. ×　8. ×　9. ×　10. ×

（三）单项选择题

1. C　2. B　3. C　4. B　5. C　6. B　7. C　8. B　9. B　10. C

（四）简答题

1. 答：从以下几个方面可以说明中国是世界茶树的原产地。

（1）中国是世界上最早发现和利用茶树的国家。东汉时期的《神农本草》中记述了“神农尝百草，日遇七十二毒，得茶而解之”。这是我国最早发现和利用茶树的记载。

（2）唐代陆羽撰著的《茶经》，是世界历史上第一部茶业专著。

（3）早在三国时期（公元220—280年）我国就有关于在我国西南地区发现野生大茶树的记载；近几十年来，在我国西南地区不断发现野生古茶树，其中有的树龄达2 700年，在云南省镇沅县千家寨的原始森林中，直径30厘米以上的野生茶树到处可见，据不完全统计，全国有10个省共198处发现了野生大茶树。

（4）“茶”字的音、形、义最早是由中国确立的，世界各国对茶的称谓均源于中国，是由中国“茶”字音译过去的。

（5）世界各产茶国的茶树都是直接或间接由中国传播过去的。我国茶树最早在公元8世纪即由日本僧人传到日本，而后又传播到其他国家。

（6）我国是世界上最早加工茶叶的国家。早在周武王时期（公元前1066年），巴蜀即以茶为贡品；我国人民长期以来积累了丰富的制茶经验，因而创造了世界各国无法相比的丰富多彩的各类茶叶。

综上所述，足以证明世界各产茶国的茶树的原产地是中国，中国是世界茶树的故乡。

2. 答：茶树的芽上及嫩叶的背面有茸毛。茶叶为网状脉，有明显的主脉，沿主脉分出侧脉，侧脉数多为10～15对，侧脉伸展至叶缘2/3的部位向上方弯曲，呈弧形与上方侧脉相连接；侧脉分出细脉，构成网状脉。叶的边缘有锯齿，锯齿数一般在16～32对，这就是茶树叶片的特征。

3. 答：我国目前对茶叶的分类是根据茶叶制造方法，结合茶叶的品质特点进行分类的，具体分为基本茶类和再加工茶类两大类。

（1）基本茶类又分6类

1）绿茶类，如西湖龙井、黄山毛峰等；

2）红茶类，如祁红工夫、滇红工夫等；

3）青茶类，如武夷岩茶、铁观音等；

4）白茶类，如白牡丹、寿眉等；

5）黄茶类，如君山银针、霍山黄芽等；

6）黑茶类，如普洱茶、安化黑茶等。

（2）再加工茶类

1）花茶类，如茉莉花茶、玫瑰红茶等；

2）紧压茶类，如沱茶、七子饼茶等；

3）速溶茶类，如速溶红茶、速溶绿茶等；

4）其他类，罐装茶、药用保健茶、造型工艺茶等等。

4. 答：因为绿茶初制工艺的第一道工序是杀青，而杀青的目的之一就是利用高温破坏鲜叶中酶的活性，制止酶促进茶多酚及其他化学成分氧化变化，保持固有的绿色，所以绿茶是不发酵茶。

5. 答：花茶是中国特有的茶类，其窨制的原理是：在静置的状态下，鲜花会缓慢吐香，茶叶会缓慢吸收花香，一吐一吸，茶味、花香水乳交融。

第五单元　中国茶文化基础知识

单元提要：本单元属中国茶文化概述，主要简述中国茶文化的内涵、基本特征、特点及形成和发展过程，还结合上海地区茶文化的发展，从上海茶文化的历史资源、现代茶文化兴盛及其主要特点等方面加以精要的阐述。

第一节　中国茶文化的内涵

一、文化及茶文化

文化通常有广义和狭义两种意义。广义的文化指人类社会历史实践过程中所创造的物质财富和精神财富的总和，也就是说，人类在改造自然和社会的过程中创造的一切都属于文化的范畴，一般可分为物质文化、制度文化、精神文化 3 个层次。狭义的文化指以社会意识形态为主要内容的观念体系，即精神文化，如文学、艺术等。

根据文化的基本含义，茶文化也有广义和狭义之分。广义的茶文化是指整个以茶为中心的物质文明和精神文明的总和。它以物质为载体，反映出明确的精神内容，是物质文明与精神文明高度和谐统一的产物，内容包括茶的历史发展、茶区人文环境、茶业科技、千姿百态的茶类和茶具、饮茶习俗和茶道茶艺、茶书茶画诗词等文化艺术形式，以及茶道精神与茶德、茶对社会生活的影响等诸多方面。狭义的茶文化则专指其精神文化的内容，也即茶在被应用过程中所产生的文化和社会现象。

二、茶文化的结构

物质（文化）层、制度（文化）层、精神（文化）层是茶文化结构的 3 个层次。

1. 茶文化的物质层

这个层次是有关茶的物质文化产品的总和，它包括人们从事茶叶生产的活动方式和相应的产品，如有关茶叶的栽培、制造、加工、保存的技术等，也包括茶、水、具等物质实体以及茶馆、茶室、茶楼、茶亭等实体性设施。它是茶文化结构的表层部分，是人们可以直接感受到的茶文化内容。

2. 茶文化的制度层

这个层次包括有关茶的法规、礼俗等，是茶文化的物质层与精神层的中介层次，构成茶文化的个性特征。有关茶的法律和法令是一定社会经济制度的产物，如古代贡茶、榷茶、茶马互市的有关上谕、法令、规定和奏章等，现时政府制定的管理茶叶产销和征税的法令、规章、制度等。茶俗是人们在茶叶生产和消费过程中约定俗成的行为模式，包括有关茶的社会行为的规范、仪式、风俗、习气等。

3. 茶文化的精神层

这个层次是把茶的天然特征和社会特征升华为一种精神象征，把茶事活动上升到精神活动。比如，将煮泡、品饮茶的过程与价值观念、审美情趣、思维方式等主观因素相结合，由此产生的认识、理念及生发的丰富联想；将饮茶与人生处世哲学相结合，上升到哲理高度，形成所谓茶道、茶德、茶人精神等。它是茶文化的深层次结构，也是茶文化的核心部分。

三、茶文化的基本特征

1. 社会性

饮茶是人类美好的物质享受与精神品赏，随着社会文明的进步，饮茶文化已渗透到社会的各个领域、层次、角落。在中国历史上，虽然富贵之家过的是“茶来伸手、饭来张口”的生活，贫困之户过的是“粗茶淡饭”的日子，但都离不开茶。“人生在世，一日三餐茶饭”是不可省的，即使是祭天、祀地、拜祖宗，也得奉上“三茶六酒”。人有阶级与等级差别，但无论是王宫显贵、社会名流，还是平民百姓，对茶的需求是一致的。

2. 广泛性

茶文化雅俗共赏，各得其所。从宗教寺院的茶禅到宫廷显贵的茶宴，从文化雅士的品茗到人民大众的饮茶，出现了层次不同、规范不一的饮茶活动。以茶为药物，以茶为祭品，以茶为聘礼，以茶会友，以茶修性，茶与人的一生发生密不可分的联系。茶在人们生活、社会活动过程中的介入和作用是其广泛性的表现。茶还与文学艺术等许多学科有着紧密的联系。

3. 民族性

中国是一个多民族的国家，56 个民族都有自己多姿多彩的茶俗。蒙族的咸奶茶、维吾尔族的奶茶和香茶、苗族和侗族的油茶、佤族的盐茶，是用茶佐食，重在茶食相融；傣族的竹筒香茶、回族和苗族的罐罐茶，主要追求的是精神享受，重在饮茶情趣。尽管各民族的茶俗有所不同，但按照中国人的习惯，凡有客人进门，不管你是否要饮茶，主人敬茶是少不了的，不敬茶往往认为是不礼貌的。从世界范围看，各国的茶艺、茶道、茶礼、茶俗，在茶饮的统一性下，都清晰、明确地表现出其民族性的区别。

4. 区域性

“千里不同风，百里不同俗”。中国地广人多，由于受历史文化、生活环境、社会风情以至地理气候、物质资源、经济及生活水平等影响，中国茶文化呈现出区域性特点。如在饮茶过程中，以烹茶方法而论，有煮茶、点茶和泡茶之分；以饮茶方法而论，有品茶、喝茶和吃茶之别。又如对茶叶的需求，在一定区域内，也是相对一致的，南方人喜欢绿茶，北方人崇尚花茶，福建、广东、台湾人欣赏乌龙茶等。这些都是茶文化区域性的反映。

5. 传承性

茶文化以上 4 个特征决定了茶对中国文化的发展具有传承性的特点，成为中华文化形成、延续与发展的重要载体。茶文化本身也成为中华文化的一个重要分支。

四、茶文化的特点

1. 物质与精神的结合

茶作为一种物质，它的形和体是异常丰富的；茶作为一种文化载体，又有深邃的内涵和文化的包容性。茶文化就是物质与精神两种文化有机结合而形成的一种独立的文化体系。

2. 高雅与通俗的结合

茶文化是雅俗共赏的文化。它在发展过程中，一直表现出高雅和通俗两个方面，并在高雅与通俗的统一中向前发展。历史上，宫廷贵族的茶宴、僧侣士大夫的斗茶品茶以及茶文化艺术作品等，是茶文化高雅性的表现。但这种高雅的文化，植根于同人民生活息息相关的通俗文化之中。没有粗犷、通俗的茶文化土壤，高雅茶文化就会失去自下而上的基础。

3. 功能与审美的结合

茶在满足人类物质生活方面表现出广泛的实用性，如食用、治病、解渴。而“琴棋书画诗酒茶”又使茶与文人雅士结缘，在精神生活方面表现出广泛的审美情趣。茶的绚丽多姿，茶文学艺术作品的五彩缤纷，茶艺、茶礼的多彩多姿，都能满足人们的审美需要。

4. 实用性与娱乐性的结合

茶文化的实用性决定它有功利性的一面，但这种功利性是以它的文化性为前提并以之为归宿的。随着茶的综合利用与开发，茶文化已渗透到经济生活的各个领域。近年来开展的多种形式的茶文化活动就是以促进经济发展、提高人的文化素质为宗旨的。

五、茶文化与传统文化

中国茶文化，融合了儒、道、佛各家优秀思想，负载着儒、道、佛三教文化的内涵。

1. 融合儒家“中庸和谐”的思想观念

儒家以中庸和谐的思想为指导，主张以茶协调人际关系，实现互爱、互敬、互助的大同理想，并以茶的清廉、高洁之精神磨砺自己的意志，所以主张以茶利礼仁、以茶表敬意、以茶雅心、以茶培养廉洁之风并用于明伦理、倡教化。儒家在茗饮文化中发现了兴观群怨、修齐治平的人伦大道，小至怡情养性，大至应对进退，把茶作为寓教于茶的手段。儒家认为，茶虽然能给人以刺激，令人兴奋，但人们对它亲而不乱，嗜而敬之，能使人在冷静中面对现实，这符合“入世”的观念。同时，品茗时静怡的心情、清雅的环境、和洽的茶友、精致的茶叶和茶具，无不包含着丰富的儒家美学精神。历史上许多文人与茶结下了不解之缘，就在于茶的那种宁静、淡泊的品格十分符合中国文人所推崇的儒家中庸和谐精神。

2. 融合道家“天人合一”的思想观念

道家“天人合一”的思想，使人们体悟到：人必须顺应自然，符合大道，才能获得身心的解放。道家认为，天、地、人三者是平等的，人不能只消极的受命运的主宰，应当把握自己的命运，即“我命在我不在天”。道家又认为，人生在世界上是件快乐的事情，主张“乐生”“重生”。为此，首先要从身体的锻炼静修开始，帮助去除人的各种烦恼。而茶，则是使人清净的媒介和助力。历史上著名的茶人都有一套精湛的茶艺技术，烹茶的过程就是将自己的身心与茶的精神相沟通的过程。茶人还特别发现茶与水的特殊关系，认为“道”的性格像水，能够以柔克刚，而茶又是吸收了天地精华，茶的性格得到水的帮助才能得到最好的发挥。中国古代茶艺中把金、木、水、火、土“五行”相生相克的原理都贯彻进去，让人置身于一种天地人和谐的气氛之中。其实，每个人的日常生活都有程序，如果习惯把饮茶作为清思、入静的手段，长此以久，自然会获得无穷妙趣。

3. 融合佛家“普渡众生”的思想观念

佛家以“普渡众生”的精神为宗旨，主张最大限度地用茶的雨露浇开人们心中的块垒，使人明心见性，不要浑浑噩噩地生活。茶，使人清清醒醒地看世界，也清清醒醒地看自己。中国禅宗认为佛在人心，主张顿悟，只要认真修行，佛随时向你开启门户，“放下屠刀，立地成佛”。修行的关键是坐禅，这一点与道家是相通的，都主张通过身体的修炼达到精神的升华。僧人们从饮茶实践中发现茶可以提神、破睡，从而大兴饮茶之风。所谓“茶禅一味”，是要学习茶“清寂”态度、“和敬”风格的一种精神。在佛门弟子的心中，茶是使人明心见性的雨露，它可以平等地浇灌到每个真正教徒的心中。中国茶文化吸收了这种优秀思想，以培养广大茶人明澄的心境和洁身自好的精神。

中国传统茶文化精神，负载了民族优秀文化的思想内涵。社会发展的经验表明，现代化社会需要与之相适应的精神文明，需要发掘优秀传统文化的精神资源。茶文化所具有的历史性、时代性的文化因素在现代文明进步社会中正在发挥其自身的积极作用。

第二节 中国茶文化的形成与发展

茶虽然被包含在茶文化之中，但在某种意义上说，茶又是茶文化之源。正是有了神奇的天然茶树，才有后世茶的发现利用。千百年来，历朝历代许多文人、士大夫饮茶蔚然成风，而这种饮茶风气的传承和扩大，便逐渐形成了中国茶文化。

一、茶文化萌芽时期（魏晋南北朝）

饮茶在我国有着源远流长的历史。我国是茶的原产地。据植物学家考证，地球上有茶树植物已有六七千万年历史，而茶的发现和利用至少也有数千年历史。茶有文化，是人类参与物质、精神创造活动的结果。据说在 4 000 多年以前，我们的祖先就开始饮茶了。秦汉之际，民间开始把茶当作饮料，起始于巴蜀地区。东汉以后饮茶之风向江南一带发展，继而进入长江以北。至魏晋南北朝，饮茶的人渐渐多起来。

1. 茶饮进入烹煮饮用阶段

茶饮方法在经历含嚼吸汁、生煮羹饮阶段后，至魏晋南北朝时，已开始进入烹煮饮用阶段。当时，饮茶的风尚和方式，主要有以茶品尝、以茶伴果而饮、茶宴、茶粥 4 种类型。这些都是茶进入文化领域的物质基础。

2. 茶开始进入文化精神领域

茶作为自然物质进入文化领域，是从它被当作饮料并发现其对精神有积极作用开始的。一般来说，作为严格意义上的文化，总是首先通过文化人和统治阶级倡导而形成的。当统治阶级和文化人把饮茶作为一种高级享受和精神力量，赋予它超出自然使用价值的精神价值后，茶文化才得以出现。这一过程起始于两晋时代。值得重视的是，茶文化一出现，就是作为一种健康、高雅的精神力量与两晋的奢侈之风相对抗。

魏晋南北朝茶开始进入文化精神领域，主要表现在以下 3 个方面。

（1）出现以茶养廉示俭的一些事例。两晋时代，“侈汰之害，甚于天灾”，奢侈荒淫的纵欲主义使世风日下，深为一些有识之士痛心疾首，于是出现了陆纳以茶为素业、桓温以茶替代酒宴、南齐世祖武皇帝以茶示简等事例。陆纳、桓温等一批政治家提倡以茶养廉、示简的本意在于纠正社会不良风气，这体现了当权者和有识之士的思想导向：以茶倡廉抗奢。

（2）茶开始进入宗教领域。道家修炼气功要打坐、内省，茶对清醒头脑、舒通经络有一定作用，于是出现一些饮茶可羽化成仙的故事和传说。这些故事和传说在《续搜神记》《杂录》等书中均有记载。当时人们认为饮茶可养生、长寿，还能修仙。南北朝时佛教开始兴起。当时战乱不已，僧人倡导饮茶，也使饮茶有了佛教色彩，促进了“茶禅一味”思想的产生。

（3）茶开始成为文化人赞颂、吟咏的对象。魏晋时已有文人直接或间接地以诗文赞吟茗饮，如杜育的《荈赋》、孙楚的《出歌》、左思的《娇女诗》等。另外，文人名士既饮酒又喝茶，以茶助谈，开了清谈饮茶之风，出现一些文化名士饮茶的逸闻趣事。

总之，魏晋南北朝时期，茶饮已被一些皇宫显贵和文人雅士看做是高雅的精神享受和表达志向的手段。虽说这一阶段还是茶文化的萌芽期，但已显示出其独特的魅力。

二、茶文化形成时期（唐代）

唐代是中国封建社会的顶峰，也是封建文化的顶峰。唐承袭汉魏六朝的传统，同时融合了各少数民族及外来文化精华，成为中国文化史上的辉煌时期。随着饮茶风尚的扩展，儒、道、佛三教思想的渗入，茶文化逐渐形成独立完整的体系。

1. 全国性饮茶风气形成

在唐代以前，我国已有1 000多年饮茶历史。这就为唐代饮茶风气的形成奠定了坚实的基础。唐代中期，社会状况为饮茶风气的形成创造了十分有利的条件，饮茶之风很快吹遍全国，并开始传播域外。

唐人饮茶成风主要表现在以下5个方面：

（1）茶肆遍天下。《封氏闻见录》卷六《饮茶》中说：“自邹、齐、沧、棣、渐至京邑城市，多开店铺，煎茶卖之，不问道俗，投钱取饮。”民间还有茶亭、茶棚、茶房、茶轩和茶社等设施，供自己和众人饮茶。

（2）茗为人饮，与盐粟同资。唐穆宗时人李珏说：“茶为食物，无异米盐，人之所资，远近同俗。既蠲渴乏，难舍斯须。至于田间之间，嗜好尤切”（《全唐文》第八册）。茶已成为社会生活不可缺少的物品。所以“茶圣”陆羽说茶已成为“比屋之饮”（陆羽《茶经·六之饮》）。

（3）唐人普遍饮茶。唐人上至皇宫显贵、王公朝士，下至僧侣道士、文人雅士、黎民百姓，几乎所有人都饮茶。唐中期以后的皇帝大多好茶，文人嗜茶者也众多，如大诗人白居易，他一生嗜茶，每天吃早茶

（“起尝一瓯茗”《官舍》）、午茶（午睡“起来两瓯茶”《食后》）、晚茶（“晚送一瓯茶”《管闲事》），自称“竞日何所为，或饮一瓯茶，或吟两句诗”（《首夏问病》）。

（4）茶被视为“赐名臣，留上客”（顾况《茶赋》）的珍品。随着饮茶日趋普遍，人们待客以茶蔚然成风，并出现了一种新的宴请形式——“茶宴”。唐人把茶看做比钱更重要的上乘礼物馈赠亲友，寓深情与厚谊于茗中，“愧君千里分滋味，寄与春风酒渴人”（李群玉《答友人寄新茗》）。

（5）开拓了茶文化的领域。有些文人、僧侣将啜茗与游玩茶山合而为一。如杜牧等人笙歌画舫踏茶山，他因病断酒，“犹得作茶仙”（杜牧《春日茶山病不饮酒呈宾客》）。刘禹锡也说：“何处人间似仙境，春山携妓采茶时”（《洛中送韩七中丞之吴兴口号》）。文人从好饮、喜赏，进而深入观察、研究，总结种茶和制茶经验、品茗技艺的作品相继问世，代表性论著有陆羽《茶经》、张又新《煎茶水记》、温庭筠《采茶录》等。

2. 全国性饮茶风气形成的有利条件

（1）国家空前统一的局面。这为饮茶风气的形成开辟了广阔的天地。唐朝建立后，巩固和发展了全国大统一的成果，大大加强了南方与北方、边疆与内地的经济和文化的联系，为茶叶的北运和饮茶风气的形成奠定了基础。

（2）经济强盛的局面。这有利于茶叶生产的发展和饮茶风气的形成。唐朝建立后，十分重视社会经济的恢复和发展。随着北方经济的再造和南方经济区的崛起，唐代的社会经济发展很快，人们的生活水平普遍提高，保健意识日益增强。这为南方茶叶生产的发展注入了新的活力，也为北方群众的饮茶提供了物质的保障。

（3）社会开放意识能够兼容并蓄并传播各种文化，对茶文化的发展和饮茶风气的形成十分有利。唐代开放的社会风气主要表现在努力弘扬传统文化，广泛吸收外来文化。在开放的社会风气下，优秀的文化传统和好的风俗习惯受到普遍重视，饮茶的好处得到广泛宣传，更多的人养成饮茶的习惯。

（4）佛教、道教的兴盛对饮茶风气的形成起了推动作用。唐代儒、佛、道“三教合一”的文化现象同茶文化的兴盛有着不可分割的联系。唐代寺观众多，信徒遍布全国各地，饮茶风气盛行。“……学禅务于不寐，又不夕食，皆许其饮茶。人自怀挟，到处煮饮。从此转相仿效，遂成风俗”（《封氏闻见录》）。

3. 唐代茶文化兴起的特殊原因

(1) 出现了茶业专著《茶经》。在陆羽为代表的一批文人的大力倡导下，唐代有许多诗人以不同的方式歌咏茶叶，劝导人们饮茶。其中用力最勤、影响最大的是出生在贫苦家庭的陆羽。他用尽毕生精力，最终写成《茶经》一书。《茶经》是我国第一部较全面介绍唐代及唐代以前有关茶事的综合性茶业专著，全书详细论述了茶的历史和现状，从茶的源流、产地、制作、品饮等方面，总结了包括茶的自然属性和社会功能在内的一整套知识，又创造了包括茶艺、茶道在内的一系列的文化思想，基本上勾画出了茶文化的轮廓，是茶文化正式形成的重要标志。

(2) 朝廷直接提倡。唐中期以后的皇帝大多好茶，广向民间搜求名茶，贡茶因之兴起。皇帝喜赏新茶，每年设清明茶宴，宫中还有“斗茶之戏”等。皇室嗜茶，促进茶叶、茶具的发展并形成宫廷茶文化，促使王公大臣无不饮茶。

(3) 文人、学士讴歌茶事，开拓了茶文化内涵。唐代采取严格的科举制度，文人学士都有科举入宦的可能。每当会试，不仅举子被困考场中，连值班的翰林官也劳乏不堪。于是朝廷特命以茶汤送试场，这种茶被称为“麒麟草”。举子们来自四面八方，久而久之，饮茶之风在文人中进一步发扬。唐代科举把诗列为主要内容，写诗的人需要益智提神，茶自然成为文人最好的饮品和吟诵的对象。文人们以极大热情引茶入诗，丰富了茶文化内容。

唐代是中国饮茶史上和茶文化史上一个极其重要的历史阶段，也可以说是中国茶文化的形成时期，是茶文化历史上的一座里程碑。

三、茶文化兴盛时期（宋代）

茶兴于唐盛于宋。宋代的茶叶生产空前发展，饮茶之风非常盛行，既形成了豪华极致的宫廷茶文化，又兴起趣味盎然的市民茶文化。宋代茶文化还继承唐人注重精神意趣的文化传统，把儒学的内省观念渗透到茶饮之中，又将品茶贯穿于各阶层日常生活和礼仪之中，由此一直沿袭到元明清各代。与唐代相比，宋代茶文化在以下 3 方面呈现了显著的特点。

1. 形成以“龙凤茶”为代表的精细制茶工艺

宋代的气候转冷，常年平均气温比唐代低 2～3℃，特别是在一次寒潮袭击下，众多茶树受到冻害，茶叶生产遭到严重破坏，于是生产贡茶的任务南移。太平兴国二年（公元 977 年），宋太宗为了“取象于龙凤，以别庶饮，由此入贡”，派遣官员到建安北苑专门监制“龙凤茶”。

龙凤茶是用定型模具压制茶膏并刻上龙、凤、花、草图案的一种饼茶。压模成型的茶饼上有龙凤的造型。龙是皇帝的象征，凤是吉祥之物，龙凤茶就不同于一般的茶，显示了皇帝的尊贵和皇室与贫民区别。宋徽宗在《大观茶论》中写道："采择之精，制作之工，品第之胜，烹点之妙，莫不咸造其极"。

宋代创制的"龙凤茶"，把我国古代蒸青团茶的制作工艺推向一个历史高峰，拓宽了茶的审美范围，即由对色、香、味的品尝，扩展到对形的欣赏，为后代茶叶形制艺术发展，奠定了审美基础。现今云南产的"圆茶""七子饼茶"之类和旧中国一些茶店里还能见到的"龙团""凤髓"的名茶招牌，就是沿袭宋代"龙凤茶"而遗留的一些痕迹。

2."斗茶"习俗和"分茶"技艺

"斗茶"又称"茗战"，就是品茗比赛，把茶叶质量的评比当作一场战斗来对待。由于宫廷、寺庙、文人聚会中茶宴的逐步盛行，特别是一些地方官吏和权贵为博帝王的欢心，千方百计献上优质贡茶，为此先要比试茶的质量，斗茶之风便日益盛行起来。范仲淹描写"茗战"的情况说："胜若登仙不可攀，输同降将无穷耻"（《和章岷从事斗茶歌》）。斗茶不仅在上层社会盛行，还普及到民间，唐庚《斗茶记》记其事说："政和二年，三月壬戌，二三君子，相与斗茶於寄傲斋。予为取龙塘水烹之，而第其品，以某为上，某次之。"三五知己，各取所藏好茶，轮流品尝，决出名次，以分高下。

宋代还流行一种技巧性很高的烹茶技艺，叫做分茶。宋代陶谷《清异录·百茶戏》中说："近世有下汤适匕，别施妙诀，使汤纹水脉成物象者。禽兽虫鱼花草之属，纤巧如画，但须臾即就散灭。此茶之变也。时人谓'茶百戏'。"玩这种游艺时，碾茶为末，注之以汤，以筅击拂，这时盏面上的汤纹就会幻变出各种图样来，犹如一幅幅水墨画，所以有"水丹青"之称。

斗茶和分茶在点茶技艺方面有相同之处，但就其性质而言，斗茶是一种茶俗，分茶则主要是茶艺，两者既有联系，又相区别，都体现了茶文化丰富的文化意蕴。

3.茶馆兴盛

茶馆，又叫茶楼、茶寮、茶肆、茶坊、茶室、茶居等，简而言之，是以营业为目的，供客人饮茶的场所。唐代是茶馆的形成期，宋代则是茶馆的兴盛期。五代十国以后，随着城市经济的发展和繁荣，茶馆、茶楼也迅速发展和繁荣。京城汴京是北宋时期政治、经济、文化中心，又是北方的交通要道，当时茶坊鳞次栉比，尤以闹市和居民集中地为盛。

在北方游牧民族的逼迫之下，南宋建都临安（今杭州）后，茶馆有盛无衰，“处处有茶坊、酒肆、面店、果子、采帛、绒线、香烛、油酱、食米、下饭鱼肉鲞、腊等铺”（《梦梁录》卷十三《铺席》)。《都城纪胜》说城内的茶坊很考究，文化气氛浓郁，室内“张挂名人书画”，供人消遣。《梦梁录》中也说“今杭城茶肆亦……插四时花，挂名人画，装点门面。”茶坊里卖奇茶异汤，冬月添卖七宝擂茶、馓子、葱茶、盐鼓汤；暑月添卖雪泡梅花酒。

大城市里茶馆兴隆，山乡集镇的茶店茶馆也遍地皆是，只是设施比较简陋。它们或设在山镇，或设于水乡，凡有人群处，必有茶馆。南宋洪迈写的《夷坚志》中，提到茶肆多达百余处，说明随着社会经济的发展，茶馆逐渐兴盛起来，茶馆文化也日益发达。

宋代文人著诗文歌吟茶事数量也众多，茶诗文中有涉及对茶政批判的，也有对茶艺、茶道进行细腻入微描写的。宋代的茶学专著也比较多，有25部，比唐代多19部。

四、茶文化的延续发展期

在中国古代茶文化的发展史上，元明清也是一个重要阶段，无论是在茶叶的消费和生产，还是在饮茶技艺的水平、特色等各个方面，都散发着令人陶醉的文化魅力。特别是茶文化自宋代深入市民阶层（最突出的表现是大小城市广泛兴起的茶馆、茶楼)，各种茶文化不仅继续在宫廷、宗教、文人士大夫等阶层中延续和发展，茶文化的精神也进一步植根于广大民众之间，士、农、工、商都把饮茶作为友人聚会、人际交往的媒介。不同地区，不同民族有极为丰富的“茶民俗”。

1. 元代茶文化主要特色

元代虽然由于历史的短暂与局限，没能呈现文化的辉煌，但在茶学和茶文化方面仍然继续唐宋以来的优秀传统，并有所发展创新。

原来与茶无缘的蒙古族，自入主中原后，逐渐接受茶文化的熏陶，“大官汤羊厌肥腻，玉瓯初进江南茶”（元·马祖常《和王左司竹枝词十首》)。蒙古贵族尚茶，对茶叶生产是重要的刺激与促进，因而“上而王公贵人所尚，下而小夫贱隶之所不可缺，诚民生日用之所资”（王桢《农书》)。

元代已开始出现散茶。饼茶主要为皇室宫廷所用，民间则以散茶为主。由于散茶的普及流行，茶叶的加工制作开始出现炒青技术，花茶的加工制作也形成完整系统。汉蒙饮食文化交流，还形成具蒙古特色的饮茶方式，开始出现泡茶方式，即用沸水直接冲泡茶叶，如“建汤”，“玉磨末茶一匙，入碗内研习，百沸汤点之”（无名氏《居家必用事类全集》）。这些为明代炒青散茶的兴起奠定了基础。

元代对知识分子不尊重，很长时间停办科举，仕途也很险恶，许多文人以茶诗文自嘲自娱，还以散曲、小令等借茶抒怀。如著名散曲家张可久弃官隐居西湖，以茶酒自娱，写《寒儿令·春思》言其志；乔吉感慨大志难酬，“万事从他”，却自得其乐地写道“香梅梢上扫雪片烹茶”。茶入元曲，茶文化因此多了一种文学艺术表现形式。

2. 明代茶文化的主要特色

明代饮茶风气鼎盛，是中国古代茶文化又一个兴盛期的开始，有以下 3 个鲜明的特色。

（1）形成饮茶方法史上一次重大变革。历史上正式以国家法令形式废除团饼茶的是明太祖朱元璋，他于洪武二十四年（公元 1391 年）九月十六日下诏：“罢造龙团，惟采茶芽以进”。从此向皇室进贡的只要芽叶形的蒸青散茶。皇室提倡饮用散茶，民间自然蔚然成风，并且将煎煮法改为随冲泡随饮用的冲泡法，这是饮茶方法上的一次革新，从此改变了我国千古相沿成习的饮茶法。这种冲泡法，对于茶叶加工技术的进步（如改进蒸青技术、产生炒青技术等），以及花茶、乌龙茶、红茶等茶类的兴起和发展，起了巨大的推动作用。由于泡茶简便、茶类众多，烹点茶叶成为人们一大嗜好，饮茶之风更为普及。产于浙江长兴县的岕茶在明代后期声望鹊起，此茶因在炒青盛行时沿用蒸青法而得到一批名人雅士的特别喜爱。

（2）形成紫砂茶具的发展高峰。紫砂茶具始于宋代，到明代，由于横贯各文化领域潮流的影响、文化人的积极参与和倡导、紫砂制造业水平提高和即时冲泡的散茶流行等多种原因，逐渐走上了繁荣之路。宜兴紫砂茶具的制作，相传始于明代正德年间，当时宜兴东南有座金沙寺，寺中有位被尊为金沙僧的和尚，平生嗜茶，他选取当地产的紫砂细砂，用手捏成圆坯，安上盖、柄、嘴，经窑中焙烧，制成了中国最早的紫砂壶。此后，有个叫龚（供）春的家僮跟随主人到金沙寺侍谈，他巧仿老僧，学会了制壶技艺，所制壶被后人称为“供春壶”，视为珍品，有“供春之壶，胜如白玉”之说。供春也被称为紫砂壶真正意义上的鼻祖，第一位制壶大师。到明万历年间，出现了董翰、赵粱、元畅、时朋“四家”，后又出现时大彬、李仲芳、徐友泉“三大壶中妙手”。当时有许多著名文人都在宜兴定制紫砂壶，还题刻诗画在壶上，他们的文化品位和艺术鉴赏也直接左右着制壶匠们，如著名书画家董其昌、著名文学家赵宧光等，都在宜兴定制且题刻过。

明代人崇尚紫砂壶几近狂热的程度，“今吴中较茶者，必言宜兴瓷”（周容《宜瓷壶记》），“一壶重不数两，价值每一二十金，能使土与黄金争价”（周高起《阳羡茗壶系》），可见明人对紫砂壶的喜爱之深。

（3）形成为茶著书立说的兴盛期。中国是最早为茶著书立说的国家，明代达到一个兴盛期，而且形成鲜明特色。明太祖朱元璋第17子朱权，于公元1440年前后编写《茶谱》一书，对饮茶之人、饮茶之环境、饮茶之方法、饮茶之礼仪等作了详细的介绍。陆树声在《茶寮记》中，提倡于小园之中，设立茶室，有茶灶、茶炉，窗明几净，颇有远俗雅意，强调的是自然和谐美。张源《茶录》中说：“造时精，藏时燥，泡时洁。精、燥、洁，茶道尽矣。”这句话简明扼要地阐明了茶道真谛。明代茶书对茶文化的各个方面加以整理、阐述和开发，创造性和突出贡献在于全面展示明代茶业、茶政空前发展和中国茶文化继往开来的崭新局面，其成果一直影响至今。明代在茶文化艺术方面的成就也较大，除了茶诗、茶画外，还产生众多的茶歌、茶戏，有几首反映茶农疾苦、讥讽时政的茶诗，历史价值颇高，如高启的《采茶词》等。

3. 清代茶文化的主要特点

清代沿承了明朝的政治体制和文化观念。由明代形成的茶文化的又一个历史高峰，在清初一段时间以后继续得到延续发展，其主要特色有以下3个方面。

（1）形成更为讲究的饮茶风尚。清朝满族祖先本是中国东北地区的游猎民族，肉食为主，进入北京成为统治者后，养尊处优，需要消化功效大的茶叶饮料，于是普洱茶、女儿茶、普洱茶膏等，深受帝王、后妃、吃皇粮的贵族们喜爱，有的用于泡饮，有的用于熬煮奶茶。嗜茶如命的乾隆皇帝，一生与茶结缘，品茶鉴水有许多独到之处，也是历代帝王中写作茶诗最多的一个，晚年退位后，在北海镜清斋内专设“焙茶坞”，悠闲品茶。民间大众饮茶方法的讲究表现在很多方面，如“杭俗烹茶，用细茗置茶瓯，以沸汤点之，名为撮泡”（陈师《茶考》）。当时人们泡茶时，茶壶、茶杯要用开水洗涤，并用干净布擦干，茶杯中的茶渣必须先倒掉，然后再斟。闽粤地区民间，嗜饮功夫茶者甚众，故精于此“茶道”之人亦多。到了清代后期，由于市场上有六大茶类出售，人们已不再单饮一种茶类，而是根据各地风俗习惯选用不同茶类，如江浙一带人，大都饮绿茶，北方人喜欢喝花茶或绿茶。不同地区、民族的茶习俗也因此形成。

(2) 茶叶外销的历史高峰形成。清朝初期，以英国为首的资本主义国家开始大量从我国运销茶叶，使我国茶叶向海外的输出猛增。茶叶的输出常伴以茶文化的交流和影响。英国在16世纪从中国输入茶叶后，茶饮逐渐普及，并形成了特有饮茶风俗，讲究冲泡技艺和礼节，其中有很多中国茶礼的痕迹。早期俄罗斯文艺作品中有众多的茶宴茶礼的场景描写，这也是我国茶文化在早期俄罗斯民众生活中的反映。

鸦片战争的爆发与茶叶贸易有直接关系。清代中期前，各资本主义国家对华贸易量最大的要算英国，英国需要进口我国大量的货物，其中茶叶居多。但英国又拿不出对等的物资与中国交换，英中双方贸易出现逆差，英国每年要拿出大量的白银支付给中国，这对当时的英国十分不利。为改变这种状况和加强对中国的经济侵略，英国就大量向中国倾销鸦片毒害中国人民，并采取外交与武力威胁相结合的手段，先后向我国发动了两次鸦片战争。战争的结果是腐败无能的清政府同以英国为首的外国资本主义国家签订了一系列不平等条约。自此，英国垄断控制了华茶外销，美国、日本勾结抵制华茶外销，日本千方百计侵占华茶市场，使中国茶叶对外贸易一度一落千丈。

(3) 茶文化开始成为小说描写对象。诗文、歌舞、戏曲等文艺形式中描绘“茶”的内容很多。在众多小说话本中，茶文化的内容也得到充分展现。“一部《红楼梦》，满纸茶叶香”。《红楼梦》中言及茶的多达260多处，咏茶诗词（联句）有10多首。它所载形形色色的饮茶方式、丰富多彩的名茶品种、珍奇的古玩茶具和讲究非凡的沏茶用水是我国历代文学作品中记述和描绘最全面的。它集明后期至清代200多年间各类饮茶文化大成，形象地再现当时上至皇室官宦、文人学士下至平民百姓的饮茶风俗。

清末至新中国建立前的100多年，资本主义入侵，战争频繁，社会动乱，传统的中国茶文化日渐衰微，饮茶之道在中国大部分地区逐渐趋于简化，但这并非是中国茶文化的完结。从总趋势看，中国的茶文化是在向下层延伸，这更丰富了它的内容，也更增强了它的生命力。在清末民初的社会中，城市乡镇的茶馆茶肆处处林立，大碗茶摊比比皆是，盛暑季节道路上的茶亭及善人乐施的大茶缸处处可见。“客来敬茶”已成为普通人家的礼仪美德。由于制作工艺的发展，基本形成了今天的六大类茶。

五、茶文化再现辉煌时期（现代）

新中国成立后，百业待兴，茶文化活动未能成为重点提倡的文化事业，一度还遭到极左路线的冲击。改革开放以后，特别是20世纪80年代中后期以来，随着人们物质和文化生活的改善，在国内外各种因素的促进下，中国的茶文化出现蓬勃发展的态势。以改革开放以后为界定的现代茶文化与古代茶文化相比，更具时代特色，不但使以中国茶文化为核心的东方茶文化在世界范围内掀起一个热潮，而且内涵更为博大精深，既有人文历史，又有科学技术；既有学术理论，又有生活实践；既有传统文化，又推陈出新。因此，这是继唐宋以来，茶文化出现的又一个新高潮。主要表现在以下5个方面。

1. 茶艺交流蓬勃发展

20世纪80年代末以来，茶艺交流活动在全国各地蓬勃发展，特别是城市茶艺活动场馆迅猛涌现，已形成了一种新兴产业。目前，中国的许多省、市、区，以及一些重要的茶文化团体和企事业单位都相继成立了茶艺交流团（队），使茶艺活动成为一种独立的艺术门类。植根于传统文化的多种饮茶技艺也已成为群众文化生活的一个重要组成部分。同时，各地还相继推出了许多富含创意的茶文化活动，如清明茶宴、新春茶话会、茗香笔会、新婚茶会、品茗洽谈会等等，推动了社会经济文化的发展。

2. 茶文化社团应运而生

众多茶文化社团的成立对弘扬茶文化、引导茶文化步入健康发展之路和促进“两个文明”建设起到了重要作用。1990年，在“茶圣”陆羽的故乡——湖北天门成立了“陆羽茶文化研究会”；在陆羽多年从事茶事活动和著述《茶经》的居住地——浙江湖州成立了“陆羽茶文化研究会”；在北京，一个以团结中华茶人和振兴中华茶业为己任的全国性茶界社会团体——“中华茶人联谊会”宣告成立，并组织召开了“海峡两岸茶业研讨会”等多项茶事活动。1993年，一个以宣传、交流、推广、弘扬茶文化，促进社会文明，推动茶叶科研和茶业经济发展为宗旨的国际性茶文化社团组织——“中国国际茶文化研究会”成立，说明茶文化的发展进一步成熟。

3. 茶文化节和国际茶会不断举办

每年各地都举办规模不一的茶文化节和国际茶会，有的活动是定期举行，如西湖国际茶会、上海国际茶文化节、武夷岩茶节、普洱茶国际研讨会、法门寺国际茶会等等，都已举办过多次；有的从茶文化不同侧面举办专题性国际学术研讨，如中国杭州和上海、美国、日本、韩国等相继围绕以茶养生，举行“茶—品质—人体健康”学术研讨会，这种茶学界与科研、医学界的对话，充分显示茶学与医学相结合所取得的可喜成果；有的国际茶文化活动还开到国外去，如 1998 年 9 月底在美国洛杉矶召开的“走向 21 世纪的中华茶文化国际研讨会”，就是国内茶文化学者与美国当地文化界联合举办的。另外，北京、云南的昆明和思茅、福建的福州和安溪、陕西的西安、浙江的湖州、河南的信阳、山西的五台山、香港、台湾等地，也都举行过不同命题的茶文化节或大型茶会、学术讨论会，从不同侧面、不同层次、不同方位，深化了茶文化的内涵。

4. 茶文化书刊推陈出新

一些专家学者对茶文化进行系统、深入地理论研究，已出版了数百种茶文化专著，还有众多茶文化专业期刊和报纸，报道信息、研讨专题，使茶文化活动具有较高的文化品位和理论基础。如江西社科院农业考古编辑部，从 1991 年起每年出版两期“中国茶文化”专号，每期 80 余万字，集中发表有关茶文化的研究论文和知识小品等，辟有“茶叶历史”“茶文化研究”“茶具”“茶艺”“茶俗”等 29 个专栏，在海内外茶文化界有很大影响。北京茶人联谊会的《中华茶人》、杭州的《茶博览》、上海的《茶报》及各省市茶叶学会编辑的茶刊也大量刊登茶文化、茶科技、茶经济的文章。许多省市在举办茶文化节和茶文化研讨等重大活动中都把论文编辑成书出版。茶书出版硕果累累，比较有影响的有《中国茶经》《中国茶文化概论》《中国茶文化宝典》《中国茶文化精华》《中国当代茶界茶人辞典》《中国茶叶大辞典》等。一批文艺家介入茶文化活动，不但撰写了有关茶的著作，还创作了一批茶诗、茶画以及长篇小说，如浙江女作家王旭烽的长篇小说《南方有嘉木》。

5. 茶文化教学研究机构相继建立

目前，中国已有 9 所高等农业院校设有茶学专业，培养茶业专门人才，有的高等院校还设有茶文化专门课程或茶文化研究所。在一些主要的产茶省（区）也设立了相应的省级茶叶研究所。许多茶叶主要产销省、市（区），还成立了专门的茶文化研究机构和社会团体，如北京大学东方茶文化研究中心、四川省茶文化协会、香港中国国际茶艺会等。此外，随着茶文化活动的高涨，除了原有综合性博物馆有茶文化展示外，上海四海茶具馆、香港茶具馆、四川茶叶博物馆、杭州中国茶叶博物馆等一批博物馆舍也相继建成。

与此同时，世界茶文化，特别是东方茶文化的发展也已进入到一个新的发展时期。日本的日本中国茶沙龙和日本中国茶协会，韩国的韩国茶道协会、韩国茶人联合会和韩国陆羽茶经研究会，以及北美茶科学文化交流协会等茶文化团体应运而生。它们与业已存在的各国茶文化团体一起积极活动，为茶文化的普及和提高做出了应有的贡献。

第三节 上海茶文化发展简史

中国茶文化源远流长，在其发展过程中，各地区都沉淀了丰厚的历史资源。本节以上海地区为例，从中可以了解茶文化新呈现的地域性特点及共同的发展规律。

一、上海建城以来茶文化概述

上海建城以来700多年，特别是开埠100多年来，伴随着上海经济、文化的兴盛，茶饮进入千家万户，呈现出其独特的文化底蕴。

1. 明清两代上海茶文化主要特点

上海原是黄浦江边的一个小渔村。南宋末始设上海镇，至元二十九年（公元1292年），改为上海县。明嘉靖年间，县城初具规模。清初，上海已成为约有24万人的中等城市，十六铺一带是最早的商业区。

（1）茶饮随市政建设而兴盛。上海的茶事兴盛，大大晚于其他许多历史更为悠久的城市。当明代以散茶冲泡法代替了古时制团茶、煎末茶的古茶法之后，上海刚好越过封建社会经济发展的滞缓时期。明永乐之后，上海"衙署建筑增扩不息，寺庙宇观遍布城乡，第宅园林大兴土木"，体现江南园林风格的豪华宅第园林就有80余所。同治、道光年间，上海城内已是人口稠密，房屋毗连。这为上海的茶事兴盛，提供了一个广阔的空间。官宦豪绅的聚会宴饮，迎来送往，茶是重要的媒介物："无论在公署、在家、在酒楼、在园亭，主人必肃客于门。主客互以长揖礼，既就坐，先以茶点及水旱烟敬客，俟宴席陈设，主人乃肃客入席……粥饮既上，则已终席，是时可移别室饮茶。"可见当时的官宦豪绅人家，餐前要"客来敬茶"，宴毕还要饮"餐后茶"。

（2）文人雅士热衷品茗得趣。明清时，上海已是文人墨客雅集之地，较为知名的不下三四百人，在书画家之外还有名伶佳优、书院教习，在他们周围还有一批附庸风雅者。这一个不小的知识人群，热衷以茶会友，品茗得趣。一大批园林、宅第寺院之中亦茶风大兴、茶事纷繁。比如，在"园中叠石凿池、曲槛雕栏、池宽数亩"的城南"亦是园”中，“夏日游者无虚日”，“风清月白，远香四闻，团扇轻衫，迎凉斗茗”；在“园亭轩敞，花木阴翳”的“点春堂”中，“有司茗者，非佳客至不烹也”；著名的“徐园”常接纳名人雅士相聚，“内有一亭，设炉，专司泡茶，可以自酌”；沪上著名诗人张肃蜂“为客善谈，剪灯煮茗，可竟夕弗倦”，大有卢仝遗风；诗文书画皆不俗的漏云和尚，住持锋庵“尤爱艺花，秋来种菊成畦，扫榻煮茗，以供雅流赏玩”。从文人雅士留下的一幅幅“茶事图”中，可以想见当时文人雅士的茶饮习俗。上海作为中国历史名城中的后来者，此时的茶文化事象丝毫不逊于其他历史悠久的城市。当上海逐步成为近代世界东方大都市时，饮茶已形成了与整个社会生活领域与文学艺术等思想意识领域相融和的海派茶风。

(3) 民间饮茶习俗以清饮为特征。在上海的古城内以及四乡八野，以壶泡茶的“清饮”特征，历经数百年不变。即使青浦“阿婆茶”，也是以一壶清茶，佐以乡间家常食品。上海人历来虽有在茶中置放配佐茶料的习俗，但所配之物决不粗俗随意。如上海人历来善食桂花，除制作糕点外，还有桂花煎茶，或者在泡茶时加些桂花进去，称为“桂花茶”。大年初一清早，上海人要放“开门爆仗”并燃香点烛以茶果、圆子祭祀天地祖宗，一大清早还要喝“元宝茶”。“元宝茶”的饮法表现了上海人追求茶真香实味的清饮特色。

明清两代上海的茶文化具有多元性、等级性、变异性、融会性以及外延性等诸多特色。这些特色一直沿袭至今。在茶饮的文化心态上具有较为清晰的地域特性，并随着时代更递而认识接纳不同的茶饮方式，形成茶饮的时代性。在茶饮价值取向上，因其介入社会各层次的活动而体现多层价值的集合，其中社会交往、文化艺术活动及经济贸易活动的价值取向最为广泛。在茶饮风格上，讲究氛围和品味，追求高雅清静；讲究茶情茶缘，融入社会人生；讲究汤清味纯，以清饮法为主流。

2. 旧上海茶馆的主要特点

清初，十六铺一带就有旧式茶肆和茶棚。鸦片战争以后，上海开埠通商，百业骤兴，新型的茶馆也应运而生。《清稗类抄·茶肆品茶》中记载：“上海之茶馆，始于同治初三茅阁桥沿河的丽水台。其屋前临洋泾浜，杰阁三层，楼宇轩敞。南京路有一洞天，与之相若”。这种宏丽的洋式茶馆的出现，揭开了中国茶寮史上新的一页。不久以后，这种茶馆像雨后春笋般地破土而出，其中著名的有福州路上的阆苑第一楼和青莲阁、南京路上的陶陶居和易安居、城隍庙内的春风得意楼等等。1919年统计，上海当时共有茶馆 164 家，其中尤以南京路、福州路、法大马路（今金陵东路）以及城隍庙内最多。抗日战争后，由于历史条件和时代气氛有新变化，兴隆的茶市呈萎缩趋势，一部分茶馆被咖啡馆所代替。旧上海的茶馆所以能够昌盛一时，主要有以下3个原因。

（1）多种功能，多种经营。近代的上海茶馆，多数都兼营商业和饮食业，如早期设在广东路上的同芳茶居。有些茶馆辟有书场，让茶客一边啜茗，一边听书；有些茶馆如阆苑第一楼还设有弹子房，很像一所“娱乐总汇”；有些茶馆成为某个行业的交易场所。多种经营使茶馆更具有吸引力，也保证有较多的营业收入。

（2）分档经营，丰俭随意。清末春风得意楼供上等绿茶，每碗26文，中等绿茶20文，次等绿茶14文；除茶资外，每位茶客尚需付小账3文，这是较高档次的茶楼。小茶馆要低廉得多。这样，就使消费层次不同的人各有品饮的地方。

（3）环境宽松。文化人可以琴棋书画、诗词歌赋，在这里举行“文明雅集”；有闲者可以拎着鸟笼，使茶馆内鸟声啁啾，成为养鸟人的俱乐部；文艺爱好者可以在此听书赏曲；各行各业的商人则可以在此洽谈生意。茶馆是一个信息灵通、文化气息浓郁、民情民俗汇集之点。

3. 旧上海“老虎灶”的特殊功能

老虎灶从20世纪20年代开始兴起，不仅遍布旧上海的大街小巷，而且一直延续到上海解放后直至改革开放初期。随着上海煤气的普及、单位饮水的电器化和大批旧城区的改造，老虎灶逐渐失去主顾，生意清淡，才逐渐消失。

老虎灶与茶文化的关系，最主要表现在老虎灶茶馆上。老虎灶茶馆设在马路边，放一两张长桌，再放上几条长凳，这茶馆就算开张大吉了。茶客只要在桌边一坐，老板娘就会端过来一把茶壶，茶壶里早就放好茶叶，然后在老虎灶头舀一勺滚开的水一冲，转身端给客人就行了。如果这壶茶喝完，茶客只需把壶端到灶头加开水即可。喝茶的茶杯，大多用碗或瓷杯，只是没有杯盖或杯托。也有的老虎灶以紫砂壶待客。

当年光顾老虎灶茶馆者，大多为上海滩的人力车夫、码头工人和走街串巷的小贩。他们坐在老虎灶桌边，是苦中作乐的消遣，消愁解闷聊天的聚会。老虎灶还可以洗澡。传说20世纪30年代，有一位“亭子间文学”的雅士，因失业闹穷，常到东新桥老虎灶茶馆喝茶，一天心血来潮，写了一副对联贴在老虎灶前。对联说：“求饭忙，求钱忙，忙里偷闲洗个澡去；为儿苦，为妻苦，苦中作乐泡杯茶来”。此联一贴，就通过茶客传遍上海滩，后来又上了小报，引起社会同情，一时老虎灶便风靡上海滩。

二、上海茶文化的历史资源

1. 历史留给现代上海的茶文化资源

历史上，上海地区有丰富厚实的茶文化资源，除了上一节提及的外，还有以下 8 个方面。

（1）明清时代，上海佘山一带产茶，而且产过好茶，至今西佘山还有 27 亩绿油油的茶园。明万历以前，佘山一带出产过好茶，以后历代种茶、产茶，茶名“本山茶”，康熙南巡到佘山后更名为兰笋山茶。因为产量有限，其味清香，“而购之甚难，非贵游及地主有故交密戚者不可得；即得亦第可以两计不可以斤计，殊难与他茶价并低昂也”（叶梦珠《阅世编・食货 6》）。据记载，上海地区种茶，除佘山外，还有神山等处。现佘山 27 亩茶园之树，均为 20 世纪 70 年代后种植，命名为“上海龙井”。

（2）历史上，吴淞江（苏州河）水曾作为宜茶好水而名载史册。唐代的《煎茶水记》记载了陆羽鉴水试茶的故事。陆羽以自己的实践，把天下水品分作二十等，吴淞江水列第十六等。最早提出鉴水试茶的唐代刘伯刍，通过“亲挹而比之”，根据游历所到，分列出水品有七等，吴淞江水被列为第六。不论前人品水的结论是否正确，源于太湖的吴淞江水原先清澈甘软、宜发茶香，当是无疑的。另外，静安寺的涌泉和大金山的寒穴泉，在历史上都是名家评定的优质水，留有不少鉴水用茶的传说与佳话。当然历史的传说与佳话并不能表明上海是个适宜泡茶的富水区。吴淞江（苏州河）曾因水质清澈，被唐代品茶家列为好水，但那毕竟是上海还处于荒凉渔村和小镇初设的时代。那时吴淞江江面宽阔数倍于黄浦江，两岸林木荫翳，芳草侵道，人迹罕至，一旦吴淞江水道变窄，市政开拓，这“天下第六泉”的桂冠自然也随之东流了。由于上海地近大海，黄浦江及其支流受潮汛影响，水质普遍偏咸，清人曾吁叹：“沪上无好水，茶亦少真味”。

（3）上海青浦地区的“阿婆茶”是市郊乡民传统饮茶习俗的遗存。农村的老人当中，至今保留着古老而别具情趣的喝茶方式——“炖茶”。炖茶是用烂泥和稀后涂成风灶，用干菜箕、豆箕之类烧煮，陶瓷瓦罐做锅子盛水。上海古属吴越，江浙一带饮茶习俗均在上海流行，如新春时节盛行的“元宝茶”，婚嫁喜事的“红糖茶”，佘山一带将美茶和佳笋的饮食结合起来形成以笋茶迎客的独特风俗等，均为传统茶俗。开埠后的上海市镇，大量移民的涌入也带来了各地的饮茶习俗。

（4）上海茶叶出口历史悠久。上海开埠以来，便是我国出口茶叶最大的集散地，在对外贸易中一直占有很大比重。据史料记载，旧上海的茶叶出口由外商洋行、国民党政府及其官员投资的茶叶公司和私商分头经营，出口量约占全国的1/2。当时上海茶叶出口商共有108家，其中外商洋行10多家。1949年7月上海成立华东区茶叶进出口公司，作为专业外贸公司，至1998年底，已累计出口茶叶154万吨，创汇近35亿美元，出口商品销往80多个国家和地区。

（5）星罗棋布的茶庄、茶叶店，留下众多人文史话和丰富的文化现象。如同上海的茶馆一样，上海的茶叶经营店也以其“天下茶叶荟萃，经营灵活多变”而呈现兼容并蓄、博采众长的海派文化特色。上海地区最早的茶叶店，当追溯到唐天宝十年（公元751年）时的青浦东北部青龙镇。作为古代上海地区惟一交往集会的地方，青龙镇上不仅茶楼、酒肆鳞次栉比，也有专卖茶叶的店铺。上海开埠后，苏、浙、皖等地茶人涌入申城。这些茶人惨淡经营、推销茶叶的历史构成民族工商业艰难发展历史的一部分。如上海现存最古老的茶叶店——程裕新茶叶店历经150多年沧桑，几易店主，但传统经营特色不变，茶叶、茶具品种繁多。

（6）上海名人汇集，有关茶的典籍、著作不断面世。被誉为“当代茶圣”的吴觉农先生，在为现代茶叶振兴和民族富强自立而奋斗不息的一生中，曾在上海居住18个年头，留有《上海茶业概况》《祁红茶复兴计划》《改良中国茶刍议》《中国茶业复兴计划》（与胡浩川合著）《中国茶叶问题》（与范和钧合著）等大量著述。为纪念吴觉农先生90华诞和从事茶业工作70周年而编辑出版的近50万字的《吴觉农选集》，也由吴觉农先生在上海的同事和学生编辑，并由上海科学技术出版社出版。20世纪30年代由胡山源编著的《古今茶事》风靡一时，盛销至今。建国50多年来的茶书编辑出版分量较重的有由上海中华印刷厂印刷、上海新华书店发行、总字数90万的《中国农业百科全书·茶叶卷》和上海文艺出版社发行、总字数160多万字的《中国茶经》。近几年上海编著和出版的茶文化、茶科学的书、刊、论文集也不少，现代茶文化的研究工作走在全国前列。

（7）盛行近代的行业茶会成为众多商家洽谈生意的一种手段。商人们凭借雄厚的物质基础，各行各帮一般都有自己的茶会，无形之中根据行业划分茶楼作为活动地点。这些茶会将饮茶与经商融为一体，在某种程度上反映了当时的社会经济和文化的综合水平。它适应市场经济的需求，在一定程度上促进上海经贸市场的发展。比如，清末民初，上海华商证券业有一个比较长的茶会阶段，在上海金融发展史上被称为“茶会时代的证券市场”。据史料记载，辛亥革命后，上海华商证券交易通常以大新街福州路转弯处慧芳茶楼为集会场所，参加者有茶商、钱商、皮货商、古董商、杂物商等等，但绝大多数以买卖证券为副业，充当掮客的角色。每天上午，他们在茶楼互通情况，饮茶时将证券买卖口头成交，下午则四处活动，兜售生意。同时，顾客携带证券到茶楼直接求售的也很多。这是上海证券市场在茶会时代的大体情形，其他行业的茶会也大体如此。随着近代社会经济的进一步发展，形形色色的商品交易所逐步取代茶会，但茶会文化的魅力仍存，一直没有消失。现在的茶馆、茶艺馆仍是商人洽谈生意的理想场所。

（8）繁荣发达的茶市场，使得茶与其他文化艺术形态紧密结合，绽放出众多艺术之花。如上海一度名气很响的“丹桂茶园”“泳仙茶园”“大观茶园”等是曲艺、戏剧演出的重要场所。其他不少茶馆也经常有戏曲演出。故有人形象地称“戏曲是用茶汁浇灌起来的一门艺术”。茶与小说的关系十分密切，在《海上繁华梦》和《子夜》等反映上海历史的文学作品中，都有对上海茶事多方面的描述，鲁迅、矛盾、周建人等文化名人大多与茶有不解之缘，在其文学作品中有不少记载。几乎在所有文学艺术形式中都有茶的形象、茶的芬芳。另外，上海还有众多茶文化资料集藏人、爱茶人和品茶人，有大量可以流传于世的故事资料。

2. 上海茶文化资源的主要特点

地域文化，可以是一个地区的文化建设，也可以包含处在特定社会背景基础上的民众性格和心态。海派文化在这一点上体现出最为鲜明和强烈的特点，主要表现在心态的自由和少拘束感觉，较容易接受外来的新鲜事物，精明能干、注重行为的合理性与效益，中西合璧、文化相融等等。近代上海 100 多年茶文化的传承与发展，有鲜明的海派文化特点，主要表现在以下 3 个方面。

（1）在接纳西方文化的过程中，努力保持自身文化的根底，始终与外国势力进行对抗，并在对抗中立稳自己的根基。上海出现“租界”后，“十里洋场”灯红酒绿，西方文化畸形繁荣，南京路上同时也建有宏丽的洋式茶馆“一洞天”，福州路上则有华众会茶楼、阆苑第一楼等近 10 家茶馆，棋盘街上则有同芳楼、怡珍茶楼等。这些茶楼都能适应中西方文化对撞、交融的环境，以经营灵活、功能多样而立稳自己的脚跟。如福州路的青莲阁楼上卖茶，楼下百戏杂陈；“老虎灶”存在于街头巷尾，为中、下层市民提供茶饮服务。

（2）具有“中和”的胸襟和“兼容并蓄”的气魄。上海基本上不产茶，但上海却有内地任何一个城市无法比拟的茶叶花色品种和茶叶消费市场。老茶叶店如翁隆盛、汪裕泰、程裕新都收购经营各类茶叶、茶具，以适应市民的需要。茶馆里经营的茶叶品种众多，有的也经营咖啡等舶来品。茶叶外销也是本地茶商与外国洋行并存。上海人的饮茶习俗虽以绿茶为主，但始终呈现“百花齐放，各取所需”的态势，全国各地的饮茶习俗在上海都有展现。

（3）开放的风气和宽松的环境，使得大量茶人、文化人云集上海，构成了一种知识文化力量。它一面吸引西方文明以抨击中国的封建体制，一面又以民族自尊和中华文化的发扬传播抨击西方列强行径。吴觉农先生就是典范。从事上海茶业外销、商检、研究的老一辈专家和学者，大都也是这样做的。上海茶文化发展靠的就是这种知识文化力量。

三、上海现代茶文化的兴盛

上海现代茶文化的兴起，始于改革开放后的20世纪80年代末。经过10多年的发展，上海茶文化已呈兴盛景象。其中，上海国际茶文化节和少儿茶艺两大活动，在全国和海外都有较高的知名度。

1. 现代茶文化兴盛的主要表现

（1）上海茶界前辈、老茶人为茶文化的兴盛奋发开拓。上海有一批茶叶界的老前辈和老茶人，他们从事茶叶各领域的研究数十年。在早期加入市茶叶学会的主要人员中，许多人对中国茶叶的历史和文化、茶学的理论与实践、茶道艺术及茶业的现状与发展均具极高的学识水平。20世纪80年代初，他们“旧部”集合，又纳“新鲜血液”，创建了上海市茶叶学会。数年间，以他们的真才实学、真知灼见，推动上海茶事发展。在办公、奖金、资料等条件均十分缺乏的条件下，创办了《茶报》，多次举办茶文化研讨会，有力地推动了上海的茶文化事业发展，使一批传统茶楼和新办茶楼均重视了茶文化和茶道艺术的建设和传播。社会上一批热心茶文化事业并有学识特长的人士纷纷加入茶叶学会，茶艺、茶宴、少儿茶艺、茶文化研讨、各式茶会均在他们的指导下在全市开展起来。同时，各级政府机构、社会团体、学术单位均为茶文化的继承与发扬做出了贡献。这些形成了上海茶文化热潮的第一波，为日后的茶文化兴盛，创设了良好的基础。可以毫不夸张地说，今日上海茶界许多有意义的活动都与他们昔日的努力分不开。

(2) 上海国际茶文化节连续举办。上海国际茶文化节是经国家文化部批准的茶文化活动。从1994年4月举办首届起，每年4月都要举办一届，至2002年共举办9届。它以弘扬中华民族文化、传播民族高雅艺术为主旋律，突出茶文化主题，每届都举行茶文化学术研讨、中外茶道交流、宋园“茶艺荟萃”、闸北公园茶文化游园、茶文艺演出和工艺品展示、茶乡旅游、茶文化进社区等活动，不断开拓茶文化外延，丰富茶文化内涵，体现茶文化节的国际性、民族性和群众参与性。9届累计接待来自全国29个省、市、自治区（包括香港特区、澳门特区和台湾地区）和美国、韩国、日本、新加坡等近20个国家的各界人士，人民群众参与活动的有200多万人次。上海国际茶文化节是上海现代茶文化兴盛的重要标志，推动了茶文化事业的发展。

(3) 少儿茶艺的成功推广。运用茶文化知识，对广大青少年进行爱国主义、传统文化和道德教育，是上海茶文化工作者、教育工作者开拓社会教育的新尝试。1992年上海第一支少儿茶艺队成立后，少儿茶艺活动立即引起社会重视。近10多年来，少儿茶艺已从校外发展到校内，从课外活动进入课内活动。至2000年上半年，全市共有19个区县约200多所中、小学开展茶艺培训活动，已有3万多名热爱茶艺的“小茶人”。2000年上海国际茶文化节少儿茶艺邀请赛，吸引了全市100多所中、小学116支少儿茶艺队参赛。

(4) 各种茶会、研讨会频繁举行。20世纪90年代初兴起的茶会始于百年老茶楼“湖心亭”。湖心亭茶楼每年举行的“龙井茶会”和“乌龙茶会”，通过茶文化搭台，促进茶经济的发展，现已扩展到豫园商城在内的多家茶馆、茶叶店。随着茶文化的升温，各种茶会已成为许多区县和各式茶馆经常举行的文化和经贸相结合的活动，上海友谊商店、食品一店、东海商都、浦东第一八佰伴等许多商店也多次开展茶文化节或茶会活动。如2000年春季，虹口区商会通过乾源泰茶叶公司承办以“新世纪名茶、名壶、名画映虹口”为主题的茶叶展销活动，食品一店举办茶文化节活动，豫园商城举办上海老城隍庙茶文化节，卢湾区通过斗茶会、少儿茶艺专场等形式举办“叙友牌名茶名壶”展销活动等等。上海每年还举办茶文化研讨交流会，从茶与人体健康、茶与防癌抗癌、茶馆文化、茶与都市文明、茶与精神文明建设等多方面进行研讨交流，并编辑出版多本专著和茶科学、茶文化知识的小册子，指导茶文化健康、有序地发展，引导人们科学饮茶、保健养生。

(5) 茶馆（茶艺馆、茶坊）大量涌现。自1991年7月上海出现第一家茶艺馆后，现代各式茶馆在市场竞争的过程中大量涌现，至2000年上半年，全市已有3 000多家。现代各式茶馆遍布全市大街小巷，以温馨别致的招牌、讲究文化品位的布局和各具特色的经营吸引许多市民品茗享受。如以传统建筑布局见长的茶艺馆，通过民族文化艺术品的展示、茶艺表演、各种茶会等吸引许多中老年人尤其是文化人前来品茗；港、台式茶坊与茶楼，以“回归自然”的园林布局和现代饮品，成为年轻人聚会、休闲的场所。

(6) 人均茶叶消费量逐年提高。20世纪90年代初期，上海人均年消费茶叶200克，经逐年提高，至2001年底已逾800克，比10年前增长4倍。由于茶叶消费量大幅度增长，对茶叶品质要求也不断提高，上海已日趋成为华东最大的茶叶流通地区，我国各茶叶产地的茶商纷纷“抢摊”上海开设茶叶经销店。茶叶产地的名茶推荐、促销活动也连续不断，饮茶习俗和泡茶、品茶技艺等文化内容也随之得到展现。2001年底，上海的茶叶经销网点已从1994年前的900家发展到6 000多家，颇有规模的专业化茶叶经贸、批发市场已有3家，如大统路茶叶批发市场，在1996年建成后的3年时间里，平均每年销售茶叶4 000多吨，销售总额超过5亿元；1999年11月开业的九星茶叶批发市场，建筑面积1.7万平方米，各地茶商设摊经营的有200多家，试营业不到两个月，销售收入就相当可观。

2. 上海现代茶文化兴盛的主要原因

(1) 人才荟萃，名茶荟萃。上海茶界拥有一大批活跃于茶叶进出口、检验检疫、茶叶审评、茶叶营销、市场研究、历史研究及茶道艺术研究和实践的人才，他们活跃在社会各界，又集合于茶文化、茶经济、茶科技事业的旗帜下，精心研究、刻苦实践，以务实和奉献的精神，坚持不懈地推动上海茶文化事业的发展。同时，上海并非茶产地，但是上海的商业、服务业发达，历来是名茶荟萃之地，具有较大的消费需求和市场潜力，为茶文化的兴盛和发展提供了基础和空间。

(2) 对传统文化的重新确认。改革开放之初，西方文化伴随先进的科学技术潮涌而来。由于历史的原因，以及与西方社会生活和价值观念的简单对比，社会文化心理一度有盲目崇洋的价值取向。在这种社会文化心理结构中，西方舶来品中的咖啡、可可等饮料，一度猛烈冲击茶叶市场。20世纪80年代后期以来，随着对西方社会的了解，更多的人看到了西方文化的消极方面。这种对西方文化的反思和批判折射为对中华传统文化的重新确认，社会文化心理结构从崇洋的取向转变为以继承和弘扬民族优秀文化为中心的取向上来。社会文化心理结构的另一转变表现为，随着物质生活的提高，人们转向对精神生活的进一步要求。因此，茶文化作为民族优秀文化的组成部分，得到社会各界的认可和推崇。

（3）茶消费能力的提高。上海作为全国经济中心的特大都市，“茶”市兴盛的主要原因在于经济发展、市民收入逐渐提高和相应提升的消费水平。1997—2001年，上海城市居民家庭人均支配收入在全国各省市中位居前列，抽样调查显示，2001年上海城市居民家庭人均可支配收入达到12 883元。2001年职工人均年工资达到17 724元。明显高于全国平均水平。市民消费受多元文化的影响，用于品茶赏艺、参与一些茶文化活动、购买相关的壶具和工艺品等文化消费的能力领先于全国。现在上海有87.6%的市民以茶叶为最常用的饮料。上海茶叶消费主要是名优绿茶，无论是价格昂贵的精品，还是工薪价格的优质茶，都有众多的消费群体，各种保健茶、罐装茶和边区的特色茶以及各类进口洋茶也都有相应的消费市场。

（4）生活休闲方式多彩。上海人均国民生产总值在1997年突破3 000美元，2001年已达到4 500美元，综合指标已接近世界中等发达国家水平。文化娱乐消费不断增加，多姿多彩的生活方式也各有相当的消费群体。近年来，上海各类文化娱乐场所总数达6 000多家，其中有许多茶饮、茶点、茶菜肴、茶具、茶书画、茶艺欣赏等经营项目。在书场中，一边品茗一边欣赏评弹艺术，是不少老年人的休闲方式之一。茶馆、陶吧等是市民常去的休闲场所。

（5）营销观念的转变。茶文化引导着茶叶消费，同时现代市场营销观念和手段也不断地为茶文化注入新的内涵，也影响到茶叶的生产与营销。现在的茶经贸单位，一般都注重文化包装，从茶产地的人文历史到茶制品的外包装，从茶制品的宣传策划到品牌推销战略，无不与文化活动紧密联系在一起。品牌观念作为商品文化和营销手段的精华，已经植入茶叶市场和茶文化体系。许多名茶、茶具等茶制品通过文化的导入而名声大振。

3. 上海现代茶文化的主要特点

（1）善于发掘茶文化资源。上海现代茶文化活动是在发掘利用茶文化资源中兴盛起来的。上海首家以茶艺馆冠名的茶楼“宋园”借鉴了海峡彼岸茶界人士的有益经验，并发掘了吴觉农先生曾在闸北居住过7年的史实及其与茶有关的工作。湖心亭茶楼在1990年底开始建立茶艺表演队，表演龙井茶、功夫茶的冲泡技艺，也是以100多年的茶楼历史及其经营特色为底蕴，借鉴各地经验糅合而成。近年上海众多茶事、茶景、茶文化活动，都可以在上海茶文化资源中找到渊源。

(2) 坚持“有容乃大”的品性。在发掘利用茶文化资源的同时，上海海派文化坚持民族本体、有容乃大的品性。以茶艺表演为例，上海善于借古创新，讲究韵味和意境，创造出“五珍茶”“三清茶”“双桂五福茶”等一系列很有特色的茶艺节目来。历史上的茶菜屈指可数，但上海不但创造出一些茶菜，而且还出现一批以茶菜经营为主的饭店，推出了多种茶菜。这种在继承中求发展、在容纳中求多变的品性展现了上海茶文化的特色。近年崛起的一批茶馆，将西式酒吧与东方茶艺联姻，以一种休闲文化的面貌令青年人兴趣倍增。这些茶馆有的古朴端庄，有的“土”中透“洋”，运用西式咖啡馆的浪漫气氛和舒适的现代环境“包装”了传统的茶道，迎合了一部分年轻人的消费心理。

(3) 重视高起点的茶文化宣传、交流活动。“改革开放”以后，上海茶文化不是从原来的起点上重新起步，而是迅速跨越器物崇拜，在全方位、高层次的文化交流中迈向新的高度。近10多年来，各种传媒以传播悠久丰富的茶文化为己任，广泛而持久地宣传茶文化知识和茶事活动。茶业、文化、科技、医学、艺术等各界几乎都对“茶”产生浓厚的兴趣，并分别在各自领域宣传、研讨茶文化的方方面面。中外茶文化交流活动不断，加速了中西文化的融合。创办于1994年4月的上海国际茶文化节是汇集上海茶文化资源和现实成果的一大产物，已成为与海外茶文化交流、融合的一座桥梁。

练习题

1. 茶文化有哪些基本特征和特点？
2. 魏晋南北朝茶进入文化精神领域的主要表现有哪些？
3. 为什么说陆羽《茶经》的问世是中国茶文化正式形成的重要标志？
4. 宋代创制“龙凤茶”的历史意义是什么？
5. 明代茶文化的主要特色体现在哪几个方面？
6. 现代茶文化再现辉煌主要表现在哪些方面？

第六单元　中国茶道的形成、发展与传播

单元提要：本单元属中国茶道文化绪论性质，主要简述中国茶道是自成系统的茶文化系统，介绍了中国茶道的基本含义、基本精神、历史渊源及其发展过程，还介绍了中国茶道与中国传统文化中道、儒、佛的关系，简述了“茶圣”陆羽的生平和他著述的世界上第一部茶学经典《茶经》的主要内容，评述了陆羽茶学理论的学术地位。

第一节　中国茶道的基本含义

茶道属东方文化。早在我国唐代就有茶道这个词语，例如《封氏闻见录》中载：“又因鸿渐之论，广润色之，于是茶道大行”；唐代刘贞亮在《茶十德》中也明确指出：“以茶可雅志，以茶可行道”等等。至明代更有泰州学派所阐述的“童子捧茶即道”“百姓日用即道”的这一浅白的解释。但千百年来，终究没有一个科学准确的定义。近些年来，许多茶文化专家、学者从各自独特的视角来理解中国茶道，进行了多方面有益的理论探索，然而至今仍没有形成共识。之所以出现这种情况，是因为中国茶道是以饮茶为契机的综合文化体系，难以用有限的概念和语言来界定茶道、表达茶道和说明茶道。本节拟从综合文化体系的角度，

阐述中国茶道的形成及相关的文化内容。

一、茶道的基本含义

茶道之“道”，有多种含义：一是指宇宙万物的本体，二指事物的规律和准则，三指技艺与技术。与茶结合的“茶道”是指以一定的环境气氛为基调，以品茶、置茶、烹茶、点茶为核心，以语言、动作、器具、装饰为体现，以饮茶过程中的思想和精神追求为内涵的，是品茶约会的整套礼仪和个人修养的全面体现，是有关修身养性、学习礼仪和进行交际的综合文化活动与特有风俗，具有一定的时代性和民族性。茶道涉及艺术、道德、哲学、宗教等各个方面。

茶道是中国特定时代产生的综合性文化，带着东方农业民族的生活气息和艺术情调，追求清雅、和谐，基于儒家的治世机缘，倚于佛家的淡泊节操，洋溢道家的浪漫理想，借品茗贯彻和普及清和、俭约、廉洁、求真、求美的高雅精神。

二、茶道源自远古的茶图腾信仰

“神农尝茶”的传说，虽然是有关茶的传说中的一种，但历代都是作为茶的源头载入史册的。神农相传为上古时代的部落首领、农业始祖、中华药祖。史书还将他列为三皇之一，也有说“即炎帝”。至今，中华民族自称为“炎黄子孙”，正是奉神农为民族始祖的传统信仰的遗韵。

据说，神农当年是在鄂西神农架中尝百草的。神农架是一片古老的山林，充满着神奇的气息，远古时代多种原始文化曾在这里交汇融合。在这一片物产富饶、人文深蕴的土地上，至今还保留着一些原始宗教茶图腾的文化遗迹。其中最突出的如德昂族，这个以茶叶为祖先的古老民族，原称“崩龙”，他们在古歌中唱道：“茶叶是崩龙的命脉，有崩龙的地方就有茶山；神奇的传说流到现在，崩龙人的身上还飘着茶叶的芳香”（神话史诗《达古达楞格莱标》）。

以茶为图腾祖先的不仅有古崩龙人，许多古老民族都曾信奉过茶图腾。由于最早的“茶”（原始茶一度泛指天然生成的花、果、树叶等人类最初的充饥食品，人们对茶的认识有一个从混杂到精确的历史过程。）是初民们赖以存活维系生命的充饥食物，所以不懂生育奥秘、充满着原始思维的图腾意识和感恩之情的初民们便产生了将“茶”视作是“给予生命的母亲”，从而形成茶图腾崇拜。其后代也因而将“茶”视为“祖先”，形成为崇拜“茶”的原始宗教。远古的茶图腾信仰至今仍遗存在众多有关茶的神话和茶祭仪式（如“生、冠、婚、丧”的礼仪）之中。

在南方许多地区都有这样的风俗：当有婴儿出生时，第一个来看望产妇的外人，俗称“踩生人”，进屋后，主人必须用双手端上一碗米花糖茶敬客，“踩生人”也须用双手接过茶喝下，民间认为这样能辟邪祈福。这种原始风俗意味着人一出生就得到茶图腾祖神的保护。在新生儿诞生第三日，俗称“三朝”，国内许多地区的习俗都要举办“吃原始煮茶”仪式，称之为“三朝茶礼”。这是原始茶部落合族庆贺部落新生命到来的庆典遗韵。又如，丧事茶礼有陕西出殡前夕所举行的“三献礼”仪式：初献礼，进茶、进膳、进饼，读祝文，孝子伏地大哭等；稍事休息后行亚献礼，仪式同前，毕，奏曲唱戏；最后行终献礼，仪式同前。在这里，三献之首礼均为茶，充分体现了以茶为最高礼遇的茶图腾意识。

远古的茶图腾崇拜，由于它是一种原始宗教，所以在人们表现出虔诚的狂热状态和执著追求生命“正道”的同时，必然还伴有某种深入持久而厚重的信仰、法度与礼仪，这些成为茶道的源泉。有着茶图腾的烙印及民族品格折射的茶道，是随着历史和文化的变迁，渐渐改变，慢慢形成的。

三、茶道成熟于唐代并发展至今

中国茶道成熟于中唐之际。陆羽是中国茶道的鼻祖。陆羽在茶论、说茶之功效、煎茶炙茶的方法和茶具等方面作了全面系统的论述。唐代封演所写的《封氏闻见录》中所说的“茶道”，是指陆羽倡导的饮茶之道，它包括鉴茶、选水、赏器、取火、炙茶、碾末、烧水、煎茶、品饮等一系列程序、礼法和规则。陆羽茶道强调的是“精行俭德”的人文精神，注重烹瀹条件和方法，追求怡静舒适的雅趣。陆羽著的《茶经》是世界上第一部茶学专著，他首开为茶著书的先河，首创了法度周全的茶道。

唐代茶道以文人为主要群体，许多文人以茶修道并有建树。陆羽的挚友诗僧皎然在其《饮茶歌·诮崔石使君》诗中写道：“一饮涤昏寐，情来朗爽满天地。再饮清我神，忽如飞雨洒轻尘。三饮便得道，何须苦心破烦恼……孰知茶道全尔真，唯有丹丘得如此。”皎然认为，饮茶能清神、得道、全真，神仙丹丘子深谙其中之道。皎然诗中的“茶道”是关于“茶道”的最早阐述。诗人卢仝的《走笔谢孟谏议寄新茶》一诗脍炙人口，“七碗茶”流传千古，卢仝也因此与陆羽齐名。“七碗茶”诗和钱起《与赵莒茶宴》、温庭筠《西陵道士茶歌》等诗，都是说饮茶能让人“通仙灵”“通杳冥”“尘心洗尽”，羽化登仙，胜于炼丹服药。唐末刘贞亮《茶十德》认为饮茶使人恭敬、有礼、仁爱、志雅，可行大道。

与唐代茶道相比，宋代茶道则走向多极。文人茶道有炙茶、碾茶、罗茶、候汤、温盏、点茶过程，追求借茶励志的操守，淡泊清尚的气度。许多文人对饮茶之道和饮茶悟道有细腻入微的描述，如陆游《北岩采新茶用忘怀录中法煎饮欣然忘病之未去也》一诗，“细啜襟灵爽，微吟齿颊香，归时更清绝，竹影踏斜阳”，4 句 20 字把饮新茶的口腔感觉和心里感觉表现得贴切入微。黄庭坚《阮郎归》一词中的“消滞思，解尘烦，金瓯雪浪翻。只愁啜罢水流天，余清搅夜眠”，十分精细地表现了饮茶后怡情悦志的感受。宫廷茶道则突出茶叶精美、茶艺精湛、礼仪繁缛、等级鲜明，以教化民风为目的，致清导和为宗旨。宋徽宗赵佶《大观茶论》说茶“祛襟涤滞，致清导和”，“冲淡简洁，韵高致静”，“天下之士厉志清白，竞为闲暇修索之玩”，就是宫廷茶道有代表性的思想和精神追求。佛家则以“茶禅一味”悟茶道。唐德宗兴元年（公元 784 年）怀海百丈禅师创立的首部禅林法典《百丈清规》，以名目繁多的茶礼来规范寺院的茶事活动。径山茶宴是个典型例子：一群和尚办“茶宴”待客，僧徒围坐，边品茗边论佛，边议事边叙景，意畅心清，清静无为，茶佛一味，别有一番情趣。在宋代，民间还盛行以斗香斗味为特色的斗茶活动。

宋明时期是中国茶道发展的鼎盛时期。明代朱权改革传统茶道，“取烹茶之法，末茶之具，崇新改易，自成一家”（《茶谱》）。他晚年崇尚道家思想，认为茶发“自然之性”，饮者要“清心神”“参造化”“通仙灵”，追求秉于性灵、回归自然的境界。明末冯可宾在《岕茶笺》一书中讲“茶宜”13 个条件：“无事、佳客、幽坐、吟咏、挥翰、徜徉、睡起、宿醒、清供、精舍、会心、赏鉴、文僮”。“茶忌”7 条是：“不如法、恶具、主客不韵、冠裳苛礼、荤肴杂陈、忙冗、壁间案头多恶趣”，反映了中国茶道是以中国古代哲学为指导思想，以中国道德观念为追求目标。中国古代哲学主张“天人合一”，使生命行动和自然妙理一致，使生命的节律与自然的运作合拍，使人融入大自然，这样就能感应大自然。茶人之间也要和谐，“主客不韵”，便会扫兴。冯可宾的茶道比赵佶的茶道又深入一层。赵佶关心的是把茶煮好，冯可宾关心的是在煮好茶的前提下把茶品好。

明清时代，明太祖朱元璋改砖饼茶为散茶，紫砂茶壶逐渐兴起，茶由烹煮向冲泡发展，茶道程序由复杂转为简单。但茶道仍强调水质、茶具、茶叶俱佳，并要“造时精，藏时燥，泡时洁。精、燥、洁，茶道尽矣”，还要重视饮茶环境，“饮茶以客少为贵，客众则喧，喧则雅趣乏矣”（明代张源《茶录》）。

现代古茶道虽然衰微，却未失传。据《金陵野史》载：抗战之前，中国茶道专家夏自怡曾在金陵举行茶道集会，所用为四川蒙山野茶、野明前、狮峰明前等 3 种名茶，烹茶之水汲自雨花台第二泉，茶道过程有献茗、受茗、闻香、观色、尝味、反盏 6 项礼序。20 世纪 80 年代以来，中国传统茶道又得到复兴和弘扬，出现了众多的流派，涌现出一批有影响的茶艺（道）队。

茶和茶道的故乡都在中国。“茶道”不是外来的，而是随着中国文化对周边国家的影响向国外输出的。中国茶道在走向海外的历程中，对于日本茶道的形成与发展影响最大。正是由于长期和多方面地学习与借鉴中国茶道的精神、程式及技巧，并与日本民族的特色和文化相融合，才创造出了具有日本民族特色的日本茶道。

第二节　中国茶道融通道、儒、佛的思想精华

中国茶道是以饮茶为契机的综合文化体系，融会了中国传统文化组成部分的道、儒、佛三家文化的思想精华。从历史的角度看，道家与茶文化的渊源最为久远，道家的自然观一直是中国人精神生活及观念的源头，茶文化自始便与道家思想中的自然观念相契合，茶道无疑是“自然之道”的一部分。从发展角度看，茶道的核心思想应归之于儒家学说，这一核心思想主要是儒家伦理的“中和”思想，儒家茶文化也讲“道”，但这已并非完全意义上的“自然之道”，而是“以茶利仁”之道，故儒家茶文化同样讲“以茶可行道”。佛教禅宗则体现在茶文化的兴盛与发展上，历史上许多名茶出自禅林寺院，而“茶禅一味”的概括，浓缩着许多至今也难以阐述得尽善尽美的深刻涵义。禅宗建立的一系列茶礼、茶宴等茶文化形式，具有很高的审美趣味。

一、自然茶道，茶道“自然”

“自然”作为一个完整的概念最早出自老子。老子的《道德经》说：“人法地，地法天，天法道，道法自然。”这个“自然”，指“自己而然”，非有意造作而然的，“道”本身即“自然”之道而无所不在。在道

家看来，茶道只是“自然”大道的一部分。茶的天然性质决定了人们从发现它到利用它、享受它，都必然要以上述观念灌注它的起始发生的全过程。

道家的思想发展到两汉魏晋南北朝时，有了一个重要的转折阶段。此时，自然之“道”的概念逐渐普及，并且逐渐演变为功利主义的宗教。人们在日夜思考着如何得道成仙。在那一个充满狂热求仙风尚的时代，含“道”、含“生命素”成分较多的茶，自然成为成仙的灵物。唐代诗僧皎然有一首《饮茶歌送郑容》，以一个超然潇洒、自由自在、似僧非僧的文人茶道家的身份，淋漓尽致地描绘了“丹丘羽人轻玉食，采茶饮之生羽翼”“赏君此茶祛我疾，使人胸中荡忧栗”等饮茶而羽化成仙的道家理想，把茶道精神推到极高的境界，充分体现了“自然之道”的玄妙，成为茶文化中的经典之作。

自然之茶道或茶道之自然。不自然不成其为茶道，茶道无所不在地显示了自然。茶道也就是按照茶的“自然”要求，以“任其自然”的状态，发掘出它的天然精华以“合于自然”。所谓“天然自然”者，对茶人来说，就必须真正地以自然而然的态度与精神去合于“天然之道”，以素朴的人性与茶的本性契合。这些都是茶人从道家思想中得到启发并发展成为茶人的原则，它最终仍要归为道、儒、佛思想的共同宗旨“天人合一”。而道家也以清静无为、自然而然的态度追求着神仙世界，从而各地道观大都自产自用着自己的“道茶”，实现着自在自为的自然思想，这种茶道思想对茶文化开创有着不可磨灭的贡献。

中国茶道强调“道法自然”，包含了物质、行为和精神 3 个层面。在物质方面，认为茶是“南方之嘉木”，是大自然恩赐的“珍木灵芽”，在种茶、采茶、制茶时必须顺应大自然的规律才能生产出好茶；在行为上，讲究在茶事活动中，一切都要以自然为美，以朴素为美，动则如行云流水，静则如山岳磐石，笑则如春花自开，言则如山泉吟诉，举手投足之中都应发自自然，任由心性，毫无弄巧造作；在精神方面，“道法自然，返璞归真”表现为使自己的心性得到完全的解放，心境清静、恬然、寂寞、无为，仿佛与宇宙相融合，升华到“无我”的境界。

二、以茶雅志，以茶行道

儒家学说是中华民族的主体文化，中国茶道与儒家学说有着千丝万缕的联系。儒生们把品茶看做品味人生，酸甜苦涩，各人有各人的感受，各人有各人的偏爱，各人有各人的追求。儒生与茶道的关系是道心文趣兼备，比佛家和道家要复杂的多，但其主体是倡导“以茶可雅志，以茶可行道”（刘贞亮《茶十德》），怀有积极的入世观。

“以茶可雅志”，贯穿着儒家的人格思想。儒家心目中的理想人格，概而言之，就是修身为本、修己爱人、自省慎独、自尊尊人、敬业乐群的君子人格，旨在建立一个有文化修养的高度文明的“优雅社会”。“以茶可雅志”中的“雅志”两字，“雅”指文明、教养、高尚、美好、正当，“志”指人格精神趋向于一个较恒定的、具有真正价值的目标。 老子最早倡导“志于道”，这一命题不断为后世思想家所发挥，如孟子认为不动心就是“持其志”“不动心有道”等等。“志”既然是人之为人的价值所在，它就是对抗人性异化的精神柱石，若失志，人就变成非人，这是儒家的共识。以茶可雅志是从茶文化这种文化形态的视角来理解人生本身，这正是儒家思想的深刻反映。茶人的“雅志”，固然有清高的意味，但更多的是表示它的高雅品格，这正是儒家的理想人格。儒家在茶性与人性契合点上的认识是深刻的。“洁性不可污，为饮涤尘烦”（韦应物《喜园中茶生》），视茶为高雅的象征。“岂知君子有常德……不改旧时香味色”（欧阳修《双井茶》），也是借茶表示人对雅志的追求。

儒家茶文化代表着中庸、和谐、积极入世的儒家精神。“以茶可行道”，实质上就是指中庸之道。因为无论“以茶利礼仁”，“以茶表敬意”，还是“以茶可雅志”，都是为“以茶行道”开路。儒家的中庸思想在孔子和后代儒家那里，占有极其重要的位置。概而言之，“中”，也就是适度，什么时候该做什么就做什么，“庸”可视为合情合理，因此，中庸之道，乃是修身之道，是处世做人的态度与方法。“喜怒哀乐之未发，谓之中；发而皆中节，谓之和。中也者，天下之大本也；和也者，天下之达道也。致中和，天地位焉，万物育焉”（孔子《中庸》第一章），此中的情与理，要求合情合理，不走极端，保持“中道”，以达致“和”的状态。

“和”，不仅是中国传统文化的道德范畴，同时也是美学境界。自刘贞亮首先提出“以茶可行道”后，无论是宋徽宗赵佶的“致清导和”，还是斐汶的“其功致和”等等，都是以儒家的“中和”与和谐精神作为中国茶道精神。茶道以“和”为最高境界，也说明茶人对儒家和谐或中和哲学的深刻把握。

三、茶禅一味，修炼身心

相传，“茶禅一味”是宋代四川成都昭觉禅师佛果克勤的手书，他以此四字赠与留学日僧珠光。“日僧珠光访华，就学于著名的克勤禅师。

珠光学成回国，克勤书‘茶禅一味’相赠，今藏日本奈良大德寺中”（《佛学典故汇释·茶禅·赵州茶》）。尽管学术界对这一记载存有质疑，但“茶禅一味”把茶与禅等同，无疑是一种创造性的智慧境界。日本人正是看准这一点，经过一代代禅师们的继承发展，终将其发展成为极具规模、颇有影响力的茶道。

中国茶道几乎汲取了佛禅思想中的一切精华。茶道与禅宗几乎不可分。茶在禅门中的发展，由特殊功能到以茶敬客乃至形成一整套庄重严肃的茶礼仪式，最后成为禅事活动中不可分割的一部分，最深层的原因在于观念的一致性，即茶的性质与禅悟本身融为一体，以茶助禅，以禅助茶，“转相仿效，遂成风俗”（封演《封氏闻见录》）。

作为自然界一种植物的茶，怎么同禅结合在一起的呢？茶与禅的碰撞点，最早发生于茶的药用功能中，僧侣打坐要瞌睡，饮茶可提神醒脑。在浓郁的崇茶风气中，又兼“茶”本身所具有的深厚文化底蕴，吃茶暗含禅机，禅即是茶，禅茶相混，茶禅一味，难分难解。茶禅一味的内在原因即为修炼身心，具体说来有 3 个原因。首先，茶是佛寺相沿已久的传统食品，茶崇拜意识早已成为僧人们内在的血液里的成分。其次，茶是佛寺日常生活中最普遍、最频繁使用的饮料，僧人们因而对茶有一种与生命相连的亲切感。最后，茶的清心醒脑作用，是佛僧坐禅的最佳依赖和帮助。茶本身的生命启示及清高静寂的品性特征无不暗含或揭示禅机，能表达“禅”的妙境。正因为如此，才有“茶禅一味”的表述。

“吃茶去”三字，成为禅林法语，就是“直指人心，见心成佛”的悟道方式。唐高僧从谂禅师，常住赵州观音寺，人称“赵州古佛”。因其嗜茶成癖，所以每说话之前总要说声“吃茶去”。茶禅一味，道就寓于吃茶的日常生活之中。道不用修，吃茶即修道。后世禅门中“吃茶去”广泛流传。当代佛学大师赵朴初也题有“空持百千偈，不如吃茶去。”

禅宗是中国士大夫的佛教，浸染中国思想文化最深。“饭后三碗茶”的“和尚家风”的实行，“把佛家清规、饮茶谈经与佛学哲理、人生观念都融为一体。正是在这种背景下，‘茶禅一味’之说应运而生。意指禅味与茶味同是一种兴味，品茶成了参禅的前奏，参禅又成了品茶的目的，二位一体，水乳交融”（余悦《禅悦之风》）。而“茶禅一味”本身所展示的高超智慧也就成了文化人与文化创造的新天地，就连李白、刘禹锡、白居易、皎然、韦应物、黄庭坚等中国第一流的诗人都相继进入这一领域，以茶悟道，以茶修心。如唐代诗僧皎然《九日与陆处士饮茶》："九日山僧院，东篱菊地香。俗人多泛酒，谁能助茶香。"这一句"谁能助茶香"的发问，烘托出"茶禅一味"的幽雅。唐代诗人刘禹锡，颇通佛理，常进出佛教寺院，他曾参释西山寺，僧人把他当贵宾看待，立即进行了一场从头至尾的完整的现场茶事活动：采摘，炒干，烹饮，并在一种佛教的格调中互致敬意。他的《西山兰若试茶歌》将品饮这次茶的过程写得十分优美："骤雨松声入鼎来，白云满盏花徘徊。悠扬喷鼻宿醒散，清峭彻骨烦襟开。"

中国茶文化，是在道、儒、佛"三教合一"的中国传统文化背景及其整体直观的思维方式下产生的。茶道，既为道、儒、佛三家所共同造就，又因为它能够同时融会道、儒、佛三家的基本原则，而体现大道特有的精神。道家的自然境界、儒家的人生境界和佛家的禅悟境界融会成中国茶道的基本格调与风貌。

第三节　中国茶道的基本精神

中国虽然自古就有茶道，但宗教色彩不浓，而是将道、儒、佛三家的思想融合在一起，给人们留下了选择和发挥的余地，各层次的人可以从不同角度根据自己的情况和爱好选择不同的茶艺形式和思想内容，不断加以发挥创造，因而也就没有严格的组织形式和清规戒律。20世纪80年代以后，随着现代茶文化热潮的兴起，许多人觉得应该对中国茶道精神加以总结，归纳出几条便于人们记忆、操作，许多专家、学者为此付出艰苦努力。目前，茶文化界一些专家倾向于"把'和、静、怡、真'作为中国茶道的四谛"（林治《中国茶道》）。此外已故浙江农业大学茶学专家庄晚芳教授提出"廉、美、和、敬"的中国茶德和上海茶人提出的"茶人精神"，都是有代表性的提法，具有鲜明的时代特点。现分别介绍如下：

一、中国茶道"四谛"

中国茶道"四谛"为"和、静、怡、真"。其中"和"是中国茶道哲学思想的核心，是茶道的灵魂；"静"是中国茶道修习的必由途径；"怡"是中国茶道修习实践中的心灵感受；"真"是中国茶道的终极追求。

1. 和——中国茶道哲学思想的核心

“和”是道、儒、佛三教共通的哲学思想理念。茶道所追求的“和”源于《周易》中的“保合太和”。“保合太和”的意思是指世间万物皆由阴阳两要素构成，阴阳协调，保全太和之元气以普利万物才是人间正道。以哲学范畴的“和”为基础，儒、佛、道三家对茶道中的和，各有自己的理解与诠释。

儒家从“太和”的哲学理念中推衍出“中庸之道”的思想。其对和的诠释在茶事活动的全过程中表现得淋漓尽致。如在泡茶时表现为“酸甜苦涩调太和，掌握迟速量适中”的中庸之美；在待客时表现为“春茶为礼尊长者，备茶浓意表浓情”的明伦之礼；在饮茶的过程中表现为“饮罢佳茗方知深，赞叹此乃草中英”的谦和之仪；在品茗的环境与心境方面表现为“朴实古雅去浮华，宁静致远隐沉毅”的俭德之行。一个“和”字是茶事活动的宗旨，“此所谓赏天地自然之和气，移山川石木于炉边，五行具备也，没有天地之流，品风味于口，可谓大矣，以天地之和气为乐，乃茶道之道也”（泽庵《茶亭之记》）。

道家从“和”这一哲学范畴引申出“天人合一”“知和曰常”等理念，认为天地万物都包含阴阳两个因素，生是阴阳之和，道是阴阳之变。还认为人与自然界万物同是阴阳两气相和而生，人与自然万物本为一体，应具有亲和之感。知道了“和”的内涵，就是知道“道”的根本。在处世方面道家提倡“和其光，同其尘”（《老子》第四章），即认为好坏均可相安相处，为人不露锋芒，处世与世无争。在茶道中，道家对和的理解表现于特别注重亲和自然，追求“天人合一，物我两忘”的境界以及“致清导和”的养生理念。

佛家提倡人们修习“中道妙理”。《杂阿含经·卷九》中引用佛陀说：“汝当平等修习摄受，莫着，莫放逸。”这是中和的哲学理念。在《无量经》中佛陀说：“父子兄弟夫妇，家室内外亲属，当相敬爱，无相憎嫉，有无相通，无得贪惜，言色常和，莫相违戾。”这是和诚处世的伦理。在茶道中，佛教的和最突出的表现是“茶禅一味”，这实际上是外来的佛教文化与中原本土文化的“和会”。

2. 静——中国茶道修习的必由途径

中国茶道是修身养性、追求自我之道。静是中国茶道的必由途径。

道家的清静思想对中国传统文化和民族心理的影响极其深远，其“虚静观复法”在中国茶道中演化为“茶须静品”的理论与实践。“茶之为物……冲淡闲洁，韵高致静”（赵佶《大观茶论》）。中国茶道正是通过茶事创造一种宁静的氛围和一个空灵虚静的心境，当茶的清香静静地浸润你的心田和肺腑时，你的精神便在虚静中升华净化，你将在虚静中与大自然融涵玄会，达到天人合一的境界。

道家把“静”视为归根复命之学，天人合一之学，儒家、佛家也有相似的主张。宋代大儒程颢说得明白：“万物静观皆自得，四时佳兴与人同。道通天地有形外，思入风云变态中。”（《秋日偶成》）中国古代许多士大夫们都有在茶中静品得趣的感悟和体验，“静试却如湖上雪，对尝兼忆剡中人”（林逋《尝茶次寄越僧灵皎》）一类的诗句不胜枚举。而佛教的“茶禅一味”，“禅”的梵语直译成汉语就是“静虑”之意，指专心一意，沉思冥想，排除一切干扰，以静坐的方式去领悟佛法真谛。儒、道、佛三家不仅都认为体道悟道离不开静，而且还都认为艺术的创作和欣赏也离不开静。苏东坡“欲令诗语妙，无厌空且静，静故了群动，空故纳万境”这首充满哲理玄机的诗，合于诗道，也合于茶道。古往今来，无论是道士还是高僧或儒生，都殊途同归地把“静”作为茶道修习的必经之道。

3. 怡——中国茶道修习实践中的心灵感受

“怡”者，和悦、愉快之意。在中国茶道中，“怡”是人们从事茶事过程中的身心享受。

中国茶道是雅俗共赏之道，它体现于日常生活之中，不讲形式，不拘一格，突出体现道家“自恣以适己”的随意性。不同地位、不同信仰、不同文化层次的人对茶道有不同的追求。历史上王公贵族讲茶道，重在“茶之珍”，意在炫耀权势，夸示富贵，附庸风雅；文人学士讲茶道重在“茶之韵”，意在托物寄怀，激扬文思，交朋结友；佛家讲茶道重在“茶之德”，意在驱困提神，参禅悟道，见性成佛；道家讲茶道重在“茶之功”，意在品茗养生，保生尽年，羽化成仙；普通老百姓讲茶道侧重在“茶之味”，意在去腥除腻，涤烦解渴，享乐人生。无论什么人，都可以在茶事过程中取得生理上的快感和精神上的畅适。中国茶道的这种怡悦性，使得它有极广泛的群众基础。这种怡悦性也正是中国茶道区别于强调“清寂”的日本茶道的根本标志之一。

4. 真——中国茶道的终极追求

中国人不轻易言“道”，而一旦论道，则必然执著于“道”，追求于“真”。这是中国茶道的起点，也是中国茶道的终极追求。

真，原是道家的哲学范畴。在老庄哲学中，真与“天”“自然”等概念相近，真即本性、本质，所以道家追求“抱璞含真”“返璞归真”，要求“守真”“养真”“全真”。中国茶道在从事茶事时所讲究的“真”，不仅包括茶应是真茶、真香、真味；环境最好是真山真水；挂的字画最好是名家名人真迹；用的器具最好是真竹、真木、真陶、真瓷。另外，还包含了待人要真心，敬客要真情，说话要真诚，心境要真闲。总之，茶事活动的每一个环节都要认真，每一个环节都要求真。其所求的真有三重含义。

（1）追求道之真。通过茶事活动去寻求高远的意境，去追求对“道”的真切体悟，使自己的心能契合于大道，达到修身养性、品味人生的目的。

（2）追求情之真。通过品茗述怀，使茶友之间的真情得以发展，达到茶人之间互见真心的境界。茶人间的真诚，有助于体会品茶的真趣。

（3）追求性之真。在品茗过程中，真正放松自己，在无我的境界中去放飞自己的心灵，让自己的身心都更健康，更畅适。茶人若以淡泊的襟怀、旷达的心境、超逸的性情和闲适的心态去品茶，将自己的感情和生命融入大自然，就比较能从茶理中悟到“此中有真意”，并通过修习茶道，达到“守真”“养真”“全真”的目的。

二、中国茶德四字守则

浙江农业大学茶学专家庄晚芳教授 1990 年明确主张“发扬茶德，妥用茶艺，为茶人修养之道”（《茶文化浅议》）。他提出中国茶德应是“廉、美、和、敬”，并解释为：廉俭育德，美真康乐，和诚处世，敬爱为人。

廉——推行清廉，勤俭育德。以茶敬客，以茶代酒，减少“洋饮”，节约外汇；

美——名品为主，共尝美味，共闻清香，共叙友情，康乐长寿；

和——德重茶礼，和诚相处，搞好人际关系；

敬——敬人爱民，助人为乐，器净水甘。

大约与此同时，中国农业科学院茶叶研究所所长程启坤和研究员姚国坤则主张中国茶德可用“理、敬、清、融”四字来表达（《从传统饮茶风俗谈中国茶德》）。

1. 理

理者，品茶论理，理智和气之意。两人对饮，以茶引言，促进相互理解；和谈商事，以茶待客，以礼相处，理智和气，造成和谈气氛；解决矛盾纠纷，面对一杯茶，以理服人，明理消气，促进和解；写文章、搞创作，以茶理思，益智醒脑，思路敏捷。

2. 敬

敬者，客来敬茶，以茶示礼之意。无论是过去的以茶祭祖，还是今日的客来敬茶，都充分表明了上茶的敬意。久逢知己，敬茶洗尘，品茶叙旧，增进情谊；客人来访，初次见面，敬茶以示礼貌，以茶为媒介，边喝茶边交谈，增进相互了解；朋友相聚，以茶传情，互爱同乐，既文明又敬重，是文明敬爱之举；长辈上级来临，更以敬茶为尊重之意；祝寿贺喜，以精美的包装茶作礼品，是现代生活的高尚表现。

3. 清

清者，廉洁清白，清心健身之意。清茶一杯，以茶代酒，是古代清官的廉政之举，也是现代提倡精神文明的高尚表现。今天，强调廉政建设，提倡廉洁奉公，"清茶一杯"的精神文明更值得发扬。"清"字的另一层含义是清心健身之意，提倡饮茶保健是有科学根据的。

4. 融

融者，祥和融洽，和睦友谊之意。举行茶话会，往往是大家欢聚一堂，手捧香茗，有说有笑，真是其乐融融；朋友相会，亲人见面，清茶一杯，交流情感，气氛融融，有水乳交融之感；团体商谈，协商议事，在融洽的气氛中，往往更能促进互谅互让，有益于联合与协作，使交流交往活动更有效。

两位专家还认为，中国的茶，能用来养性、联谊、示礼、传情、祭祖、育德，直至陶冶情操，美化生活。茶之所以能适应各种层次，各个阶层，众多场合，是因为茶的功用、茶的情操、茶的本性符合于中华民族的平凡实在、和诚相处、重情好客、勤俭育德、尊老爱幼的民族精神。所以，继承与发扬茶文化的优良传统，弘扬中华茶德，对促进我国的精神文明建设是有益的。

三、茶人精神

所谓茶人精神是指茶人的形象或者说茶人应有的道德情操、风范、精神面貌。"茶人精神"是已故原上海市茶叶学会理事长钱梁教授在20世纪90年代初率先提出的。"默默地无私奉献，为人类造福"是"茶人精神"的朴素表达。它是从茶树风格、茶叶品性引申过来的茶人的道德风范。

茶树，不论生长的环境如何，如高山、坡地、深谷僻野，从不计较土质厚薄，也不怕酷暑严寒，总是坚持植根大地，四季常青，绿化大地，净化空气。春回大地时它尽情抽发新芽、任人采用，采了又发，常采不败，周而复始地默默地为人类做出无私奉献，直到生命尽头。茶给世界带来清新，给人类带来健康。以茶喻人，以茶树为榜样的茶人，应具有这种博大胸怀和无私奉献精神。

1992年2月，著名科学家、中科院院士、上海市茶叶学会名誉会长谈家桢教授挥毫题写了“发扬茶人精神，献身茶叶事业”12个大字，进一步肯定了“茶人精神”。在1997年4月纪念当代茶圣吴觉农先生诞辰100周年座谈会上，上海茶人进一步明确把“爱国、奉献、团结、创新”8个字作为茶人精神基本内容，在行业范围内进行宣传倡导，号召广大茶人认真学习古代茶圣陆羽、当代茶圣吴觉农、上海茶人楷模谈家桢的茶人精神，献身茶叶事业，默默地无私奉献，为人类造福。

第四节 陆羽《茶经》的主要内容和茶道理论

在我国可确切考证的资料中，“茶道”这一词最初见于唐代《封氏闻见录》。《封氏闻见录》是唐天宝年间（公元742—756年）的进士封演所著。他写道：“楚人陆鸿渐为茶论，说茶之功效，并煎茶炙茶之法。造茶具二十四事，以都统笼贮之，远近倾慕，好事者家藏一副。有常伯熊者，又因鸿渐之论广润色之，于是茶道大兴。王公朝士无不饮者。”唐代名宦刘贞亮在总结饮茶十德时也曾讲：“以茶可雅志，以茶可行道。”由此可见茶道始于唐代，至今已有1 200多年的历史。“茶道”的创始者是陆羽。

一、陆羽生平介绍

陆羽（公元733—804年）唐复州竟陵（今湖北天门市）人，字鸿渐，一名疾，字季疵，号竟陵子、桑苎翁、东冈子。他一生嗜茶，精于茶道，工于诗词，善于书法，因编著了世界第一部茶叶专著——《茶经》，而闻名于世，流芳千古。

陆羽的身世坎坷凄凉，极富传奇色彩。据《天门县志》《上饶县志》以及陆羽《自传》记载，陆羽大约出生于唐玄宗时的开元二十一年（公元733年），3岁时被弃于竟陵的一座小石桥下。当时竟陵龙盖寺主持智积禅师路过小桥时，听到群雁哀鸣声和婴儿的啼哭声，禅师寻声下桥去看，发现一个婴儿冻得瑟瑟发抖，啼哭不止，一群大雁惟恐婴儿受冻，都张开翅膀为婴儿遮挡寒风，于是禅师抱回婴儿到寺中抚养。后人把这座小石桥称为“古雁桥”。

因为婴儿无姓无名也无法访得父母是谁，智积禅师便用《易经》让婴儿自己抓阄卜卦，为婴儿取名，占得“渐”卦，卦辞是：“鸿渐于陆，其羽可用为仪。”于是禅师按照卦辞为婴儿定姓为“陆”，取名为“羽”，字“鸿渐”。此事在《唐国史补》和《新唐书·陆羽传》中均有记载。

陆羽在龙盖寺期间，智积禅师教他学文识字，习诵佛经，还教他煮茶。陆羽虽然生长在寺庙之中，与古佛青灯黄卷为伴，但他却执意不愿削发为僧。9岁那年，有一次智积禅师让陆羽抄诵佛经，但陆羽却向老和尚发难，师徒之间展开了一场佛儒之道的大辩论。陆羽在其《自传》中记载了这场争论。

智积和尚手持佛书向陆羽讲解超脱生死轮回、脱离苦海的出世之业。陆羽却针锋相对地回答：我是一个孤儿，没有兄弟，如果我皈依了佛门，身披缁衣，终身为僧，不能生儿育女，死后无嗣，孔子讲：“不孝有三，无后为大。”我如果这样做将被天下儒士耻笑为不孝之子。陆羽还公然宣称要学习并宣传孔孟之道。智积禅师恼陆羽桀骜不驯，藐视尊长，不愿皈依佛门，所以用繁重的劳动来迫他悔悟，罚他“扫寺院，洁僧厕，践泥污墙，负瓦施屋，牧牛一百二十蹄”。陆羽并不因此而低头屈服，相反，求知的欲望反而更加强烈。他无纸学写字，就以竹划牛背为书。有一次他偶然得到一本张衡写的《南都赋》就终日念念有词，攻读不倦。智积禅师得知后，怕他在外边活动会受儒家学说的影响，就把陆羽禁闭在寺院中，令他栽花种树修剪园林，还派年长的僧人管束他。陆羽不堪忍受折磨和凌辱，于12岁那一年逃离了龙盖寺，跑到一个戏班子里学戏，作了伶人。

陆羽虽然相貌丑陋，且有口吃，但他聪明过人，且机智幽默，不但演丑角很成功，后来还编写了三卷笑话书——《谑谈》。唐天宝五年（公元746年），河南尹李齐物被贬为竟陵太守。李齐物到任之后移风易俗，励精图治，且慧眼识英才，他十分赏识陆羽的才华和抱负，并且非常同情陆羽的身世，不仅赠送诗书给陆羽，而且介绍陆羽去火门山邹夫子处读书，使陆羽真正开始了学子生涯。这对陆羽后来成长为唐代著名文人，被尊为“茶圣”具有重要的意义。

唐天宝十年（公元751年），礼部郎中崔国辅被贬为竟陵司马，在这一年，陆羽也揖别了邹夫子离开了火门山。崔国辅比陆羽足足年长46岁，但这一老一少，一官一民却结为忘年之交。他们交游3年，常在一起品茶鉴水、谈诗论文，友谊至深。唐天宝十三年（公元754年）陆羽为考察茶事，出游巴山峡川，行前崔国辅以白驴、乌犎牛及文槐书函相赠。崔国辅与陆羽的雅意高谊被载入了《唐才子传·崔国辅传》，传为千古美谈。

唐天宝十四年（公元755年）安禄山在范阳起兵叛乱，陆羽随着陕西涌向南方的难民渡过了长江。陆羽南渡长江后，沿着长江对今湖北、江西、江苏、浙江等地的江河山川，风物特产，尤其是茶园名泉，进行了实地考察。至德二年春（公元757年）陆羽流落到太湖之滨的无锡，结识了无锡尉皇甫冉。皇甫冉是一个多才多艺、惜才重友、不以衣冠取人的地方官，陆羽与他一见如故，成为挚友。其后陆羽来到吴兴，结识了唐代有名的诗僧皎然，并同居于妙喜寺约3年。这时候陆羽才24岁。皎然是南朝大诗人谢灵运的十世孙，出身世族，自幼出家，精于佛法诗文，名声极大。而陆羽身为弃儿，早年为童僧，但志在翰墨茶泉，为人正直，经过苦修，学识渊博。陆羽与皎然心灵相通，相见恨晚，成为莫逆之交。从至德二年结谊到他们相继辞世，在40余年风风雨雨的岁月中，他们友谊笃深，真情不渝，做到了生相知，死相随。陆羽与皎然的佛俗情缘达到了生死超然的境界，他们的情谊亦被载入了《唐才子传》，为后人所仰慕。

上元元年（公元760年）陆羽结庐于苕溪之滨，开始了他"闭门著书，不杂非类，名僧高士，谭宴永日"（《陆文学自传》）以及"细写《茶经》煮香茗，为留清香驻人间"的隐居生活。他在隐居期间，一方面继续游历名山大川访泉问茶，广泛搜集资料，一方面同名僧高士保持交往，寻求知音，共研茶道。在结庐苕溪的第2年，即上元二年（公元761年）秋，陆羽撰写了《陆文学自传》。在其后的日子里，由于陆羽的诚信人品以及对佛学、诗词、书法的造诣，特别是渊博的茶学知识和高超的烹茶技艺，为他在湖州士官僧俗各界赢得了崇高的声望。特别是永泰元年（公元765年），陆羽的《茶经》初稿完成后，社会名流们争相传抄，广受好评，使得陆羽的声誉日隆。

大历七年（公元772年），唐代大书法家、大政治家、大诗人颜真卿到湖州任刺史。当时已有一定声望的陆羽和皎然、皇甫曾、皇甫冉、张志和等一大批湖州的高僧名士都会聚到了颜真卿的周围，一时间湖州文坛热闹非凡，湖州的茶事空前活跃。陆羽的品学才识深得颜真卿的赏识。大历八年到九年，陆羽成为颜真卿的幕僚，并参与了大型韵书《韵海镜源》的修编勘校工作。在颜真卿身边工作期间，陆羽深感荣耀的是，于唐代大历八年（公元773年）十月二十一日由陆羽亲自设计并组织施工的一座茶亭举行了盛大的落成庆典。因为该亭落成于“癸丑年癸卯月癸亥日”所以称为“三癸亭”，又因为该亭由陆羽设计，由颜真卿题书匾额，由皎然写诗记事，所以后人又称之为“三绝亭”。“三绝亭”是中国茶文化史上早期最负盛名的品茗场所之一，后来成为湖州文人雅士相聚品茗、赋诗抒怀的胜境。

陆羽在湖州期间与他的红颜知己，唐代诗坛女杰，女道士李冶（字季兰）过往甚密。从李冶处陆羽不仅得到了心灵上的慰藉，而且吸取了不少道家文化的精华，这对于他写出学贯三教、博大精深的《茶经》很有帮助。

陆羽划时代的科学巨著《茶经》写作过程前后经历了近30年的时间。据《中国茶文化今古大观》考证：陆羽著《茶经》经过学茶启蒙阶段，鉴泉品茶阶段，江南考察和闭门著书阶段，以及修改充实成书阶段，直到建中元年（公元780年）左右才完成。陆羽以他的人品和丰富的茶学知识名震朝野，朝廷曾先后两次诏拜陆羽为“太子文学”和“太常寺太祝”，陆羽都婉辞圣命。陆羽在成名后的晚年，依然是四处品泉问茶，先后到过绍兴、余杭、苏州、无锡、宜兴、丹阳、南京、上饶、抚州等地，最终又返回湖州。贞元末年（公元804年），陆羽走完了他皓首穷茶之路，悄然逝去。陆羽的生前好友按照他的遗愿把他埋葬在妙喜寺附近苕溪之滨，埋葬在他“缁素忘年之交”的好朋友皎然和尚的墓塔之侧。

二、《茶经》主要内容

《茶经》全书分上、中、下三卷，共有10章，展呈出一个异彩纷呈的茶叶大世界。卷上分一之源、二之具、三之造3章；卷中仅有四之器1章；卷下包括五之煮、六之饮、七之事、八之出、九之略、十之图6章。

一之源　着重阐述了茶之起源、性状、名称、功效等。其中指出当时在巴山峡川一带的“有两人合抱者”，并高达数十尺的野生茶树。这是世界上最早记载野生大茶树的重要文献，比英国勃鲁士1842年在印度发现野生茶树要早一千多年，从而雄辩地证明，中国是茶树的原产地。

二之具　介绍了各种采茶和制茶的工具，以及制作工具的用料、规格、用途和操作方法。通过这些介绍，我们可以看出，唐代的饼茶生产已具有相当的规模。

三之造 主要介绍了采茶的时间节令、选茶的标准和制茶的方法。

四之器 主要介绍了饼茶的炙、碾、煮、饮的各种器皿共28件，详细地说明了各种茶器的造型和质地以及尺寸大小，也介绍了使用这些茶器的规则和对茶汤品质的影响。从中可以看出唐代饮茶的习俗。

五之煮 介绍了煮茶的方法、茶汤的调制及水的品第、煮茶燃料的选择等。陆羽已娴熟地驾驭煮茶这个高难的技术工作，并将这个工作流程完全艺术化，升华到一种审美体验。当一件事物，使人们摆脱了物役束缚，成为一种美趣横生的享受时，人们就在精神上获得了绝对的自由。因此陆羽的煮茶，已不是物役工作，而是充满美学意蕴的茶艺和茶道的组成部分。

六之饮 考证了饮茶源流，介绍了饮茶方法，提出了对烹饮的意见。饮茶是茶艺的高潮，更是《茶经》全书的主旨与目的。因此饮茶有“九难”，即制造、鉴别、器具、火工、用水、碾末、烹煮、饮用，这9个问题正是《茶经》全书论述的主要内容。解决了这9个问题，才能饮上好茶，才能将茶饮从生理的渴求中、从感官的愉悦中，上升到精神享受和美的感受。

七之事 引录了上古至唐代有关茶事的历史文献48则。这是《茶经》字数最多的一章，约占全书的三分之一，充分显示了陆羽渊博的学识。从茶文献角度来看，陆羽在此章所引录的书目达45种之多，体裁有史料、诗赋、寓言、小说、传记、故事、药剂等。我们通过这些文献，也稍稍窥探到唐以前的茶事源流。

八之出 对唐代全国主要产茶区和茶叶品质作全面的叙述和比较。《茶经》所列唐代8个道的产茶区，涉及今天的湖南、湖北、陕西、河南、安徽、浙江、江苏、四川、江西、福建、广东、广西等13个省（区），其中比较著名的产茶区就有40多个。许多产茶区，陆羽都实地考察过。

九之略 论述在某些情况下，如何简省制茶和饮茶工具，全章仅170字，却表现了作者对现场旋摘旋烹饮茶的癖爱。如此可以省却许多茶具，因地制宜地进行制茶和烹茶。

十之图 教人用素绢将《茶经》内容写出，张挂于壁上，让人一目了然。由于《茶经》内容丰富多彩，一般人难以精通。如果《茶经》悬挂于壁上，人们就能按图索骥，进行规范化操作，可见陆羽的良苦用心。

从上面的介绍中，我们可以看出，《茶经》内容博大精深。该书以茶叶百科全书式的恢宏目光关注历史，探索现实，沿波讨源地探索唐以前茶事发展历程，又全面系统地总结了整个中唐一代茶文化发展经验。虽然《茶经》只有7 000多字，但贡献给人类的是一个规模宏大、无体不备的茶文化体系。自此后，至清代1 000多年间，虽然有100多部茶书相继问世，但没有一部能超越其上。这保持千年之久岿然不动权威地位的事实，本身就雄辩地证明了《茶经》巨大的科学价值。

三、《茶经》中的茶道理论

1.“精行俭德”的理想人格

陆羽《茶经》在“一之源”就开宗明义地指出“茶之为用，味至寒，为饮最宜精行俭德之人”。这是以茶示俭，以茶示廉，倡导的是一种茶人之德，也是一种理想人格。在陆羽心目中，“精行俭德”既是做人的标准，又是处世的原则。从时代背景来看，在陆羽之前的魏晋南北朝时期，社会风气普遍奢侈糜烂，不少文人精神不振，不思报国，这种风气在唐代仍在延续，人们追求刺激，贪图享受。显然这不符合陆羽的茶道思想，因而他力倡廉俭之风。从“精行俭德”四字本身含义来看，可以理解为：行为专诚，德行谦卑，不放纵自己。它反映了陆羽作为儒者淡泊明志、宁静致远的心态。他着重以茶示俭，以茶示廉，其朴素古雅、淡雅的用意与注重修身养性、齐家治国的理想追求是一致的。“精行俭德”作为陆羽《茶经》中的茶道道德观的核心，贯穿于《茶经》全文，也是他一生的行为准则。

2.“风炉”设计的“中”道思想

陆羽为文，惜墨如金，但他在《茶经》中却不惜用了244个字来描述他所设计的风炉。风炉是唐代烹茶专用的小型炉灶。《茶经》中有关风炉的描述，译成白话文为：

风炉用铜或铁铸造，像古代的鼎。炉壁厚3分，边沿宽9分，比炉壁多出的6分让它虚悬在口沿之下，用于涂泥。风炉共3只脚，铸古体字21个。一只脚上铸：“坎上巽下离于中”；一只脚上铸：“体均五行去百疾”；另一只脚上铸：“圣唐灭胡明年铸。”在鼎的3足之间，设置3个窗户，底下再开一窗用来通风漏灰。3个窗户上共铸6个古体字：一只窗上铸“伊公”二字，一只窗上铸“羹陆”二字，一只窗上铸“氏茶”二字，连起来读就是“伊公羹”“陆氏茶”。炉口放置一个可堆放东西的支垛，内分3格：一格铸上一只小老虎，虎属于风兽，铸上巽卦的符号“☴”；一格上铸一只野鸡，野鸡是火禽，铸上离卦的符号“☲”；一格上铸一条鱼，鱼是水族，铸上坎卦的符号“☵”。巽代表风，离代表火，坎代表水，风使火旺盛，火把水煮沸，所以窗上铸这3个卦的符号。炉壁上还铸上连缀的花朵、垂悬的草蔓、回曲的水波或者方块图案等作装饰。风炉可以用熟铁制作，也可以用泥塑造。至于灰承，是制成3只脚的铁盘，承托着风炉。

从风炉的设计思想来看，炉有3只脚，3只脚之间设个窗户，炉口放置一个可堆放东西的支垛内分3格，它的“六分虚中”体现了《易经》“中”的基本原则，是利用易经象数所严格规定的尺寸来实践其设计思想的。坎、巽、离都是周易八卦名，其中，坎（☵）代表水，巽（☴）代表风，离（☲）代表火。陆羽将此三卦及代表这三卦的鱼（水虫）、彪（风兽）、翟（火禽）绘于炉上。因“巽”主风，“离”主火，“坎”主水；风能兴火，火能熟水，故备其三卦，以此表达茶事即煮茶过程中的风助火、火熟水、水煮茶，三者相生相助，以茶协调五行，以达到一种和谐的平衡态。风炉一只脚上铸有“坎上巽下离于中”，另一只脚上铸有“体均五行去百疾”所反映的也是“中”道原则和儒家阴阳五行思想的糅合。如“体均五行去百疾”是以上句“坎上巽下离于中”的中道思想、和谐原则为基础的。“体”指炉体。“五行”即谓金、木、水、火、土。风炉因其以铜铁铸成，所以得“金”之象；而上面有盛水器皿，又得“水”之象；中有木炭，还得到“木”之象；以木生火，得“火”之象；炉置地上，得“土”之象。这样看来，它因循有序，相生相克，阴阳谐调，岂有不“去五疾”之理。

煎茶的过程，实际上就是通过风炉，使金、木、水、火、土五行相生相克达到平衡，而煮出有益于人体健康的茶汤的过程。

3.“伊公羹，陆氏茶”的以茶论道

在风炉上所铸的“伊公羹，陆氏茶”6个字，隐喻了陆羽写《茶经》的目的以及《茶经》这本书的性质。

伊公是后人对商汤时杰出的政治家伊尹的尊称。传说伊尹原是一个弃婴，有莘氏的一位采桑女在伊水上游的桑树园中拾得后，把他献给有莘氏，有莘氏赐名为伊尹，并命令一位厨师抚养他。伊尹长大后不仅善于烹饪，而且很有才能，声名颇大。商汤求贤若渴，听说后，派人向有莘氏索要伊尹，却遭拒绝。不久商汤想了一个办法向有莘氏请求与其女儿成婚，有莘氏非常高兴，便命伊尹为其女的随嫁家奴，背负着玉鼎和砧板一起到了商汤家。

商汤得到伊尹后，便在宗庙里为他举行除灾去邪的仪式，接着又隆重地召见伊尹，并向他询问天下大治的道理。伊尹通过烹调美味佳肴必须做到五味调和、诸多原料调和和火候要恰到好处等道理，来阐发他治国平天下的良策，商汤听后无不点头称是。

后来商汤拜伊尹为阿衡（即宰相）并且在他的辅佐下讨伐夏桀，建立了商朝。

伊公“以羹论道”“以味说汤”的典故在《史记·殷本纪》《帝王世纪》《楚辞·天问》以及《吕氏春秋·本味篇》中均有记载。陆羽在风炉中刻上“伊公羹”“陆氏茶”，将“陆氏茶”与“伊公羹”相提并论，其用意十分明显。伊尹是个弃婴，陆羽也是个弃婴，伊尹借羹说味，来阐发治国平天下大道理，而陆羽则是以茶论道，通过著《茶经》来阐发修身、养性、齐家、治国、平天下的大道理。明白这一点非常重要，因为我们懂得了陆羽著《茶经》的目的，就不会简单地把《茶经》当作一般的茶艺书籍去看，就能从《茶经》的字里行间读出陆羽暗喻的深奥哲理，就能从“陆氏茶”中品出物外高意。

此外，风炉另一只脚上铸的“圣唐灭胡明年铸”，是讲这只风炉是在大唐平息了安史之乱之后的第二年（公元764年）铸造的。在铸风炉时，铸上这7个字，足见陆羽对国家兴亡的关心程度。从这7个字我们可以看出陆羽“处江湖之远而忧其君”的精神，同时也可以看出陆羽在“风炉”中铸入了儒家的积极入世的思想和茶人以身许国的高尚情怀。

第五节　中国茶道精神对外传播

中国是茶的故乡，也是茶道的故乡。茶道是以茶为契机的综合文化体系。由于中国古代饮茶重精神、讲茶道，重视将物质文明升华为精神文明，并使两者有机结合，从而使中国茶道对周边国家有较大的渗透力，成为对外文化传播的一个重要内容。受中国文化影响较深的日本、韩国等国家在接受中国茶文化传播的同时，也融合自己的民族文化，形成日本茶道、韩国茶礼。中国茶道作为东方茶文化的源头，在中国茶传入其他各国和地区后，也或多或少地影响了当地饮茶的礼仪习俗。

一、中国茶叶的海外传播

中国茶叶作为饮料向海外传播的历史久远。早在西汉时期，我国曾与南洋诸国通商，汉武帝也派出使者，携带黄金、缯帛（红色的帛）和土特产，包括茶叶，由广东出海至印度支那半岛和印度南部等地，从此茶叶在这一带首先传播开来（庄晚芳等编著《饮茶漫话》）。

中国茶叶通过使者和僧侣向周边地区各国传播，首推朝鲜。据传，汉武帝时，派兵渡过渤海，征服辽东，攻占朝鲜的东浪、真番、昭屯等地时，当地居民已有饮茶嗜好（张堂恒等编著《茶·茶科学·茶文化》）。中国茶传入日本的时期，有始于汉代一说，目前尚有待新资料的发掘，但起码在唐代就已经有明确的记载。

唐代，我国已开辟了一条茶叶输往中亚、欧洲的主航道。茶叶输出最主要的海路，是通过南海，沿印度支那半岛，穿过马六甲海峡，通过印度洋、波斯湾、地中海，运往欧洲各国。在当时的扬州、明州（今宁波）、广州、泉州等港口专设的管理海上贸易的市舶司，准许外商自由买卖，茶叶也在繁荣的对外贸易之列，源源不断从海路运往海外。

宋元期间，我国对外贸易港口增加到八九处，陶瓷和茶叶成为主要出口商品。广州、泉州通南洋诸国。明州有日本、高丽船舶往来。曾在中国十几年，并作了元朝官员的意大利人马可·波罗，在他回国后所写的《马可·波罗游记》中就记载了从中国带去了瓷器和茶。

明代郑和七次下西洋，航程遍及东南亚、阿拉伯半岛，并直达非洲东岸，使茶叶的输出和茶种的外传更为扩大。公元 1517 年，葡萄牙海员从中国带去茶叶。1560 年，葡萄牙传教士将中国茶叶品种及饮茶方法等知识传入欧洲。1607 年，荷兰人开始从海上来中国澳门贩运茶叶到印度尼西亚，1610 年又直接从中国运茶回国并在欧洲销售。1637 年，英国人专程率船东行，首次从中国直接运去茶叶。

到了清顺治、康熙年间，中国茶叶作为大宗货物出口。英国商人从广州购买大量茶叶，除国内消费，还转运到美洲殖民地。后来，瑞典、荷兰、丹麦、法国、西班牙等国商船，每年都从中国运走大批茶叶。美国在独立战争胜利后，希望直接与中国通商购买茶叶。

中国茶叶外传还有一条兴盛发达的陆上商路。南方由产茶地直接传入相邻的南亚地区。东方进入一衣带水的朝鲜半岛。北方以山西、河北为枢纽，经过长城，穿越蒙古，通向俄国。最漫长的陆路，是由西南、东南的产茶地将茶叶向西北集中，然后以新疆地区为中继地，经过天山南北通向中亚、西非和地中海地区及欧洲各国。

中国茶叶传往世界各国的方式多种多样。第一，通过来华的僧侣和使臣，或是民间的交往，将茶叶带往周边国家和地区，并使茶叶生产技术和饮用方法得以流传；第二，通过派出的使节以馈赠形式，将茶叶作为礼品与各国上层人士交换，再以上层人士的嗜好而影响其国民；第三，通过贸易往来，将茶叶作为商品向各国输出，并与当地的风土人情、饮食习惯结合起来，使中国饮茶之风成为全球性的风尚。所谓“茶叶传播”应该包括茶叶作为生活资料的传播、茶树茶种的传播、制茶工艺的传播和饮茶习俗的传播。任何一种传播方式，都能把中国的茶和茶文化传播出去。中国茶向日本、韩国的传播，是植茶、制茶、饮茶技艺和茶道精神等全方面、综合性的传播。

二、中国茶道精神的对外传播

中国茶文化有着明显的民族个性和完整体系，但又以寻求无涯无际的宇宙大道为己任，具有很大的开放性。当早期中国茶饮传向西亚、东北亚和南亚诸国时，便逐步形成了一个以中国为中心的，以茶的亲和、礼敬、平朴为特征的亚洲茶文化圈。在这个放射的东方茶文化圈内，许多茶的礼俗具有相似、相近的特点，中国的茶道精神以各种形式隐现其中。

日本是对中国茶道精神借鉴运用最多的国家。汉唐以来，日本在全面学习和传承中国文化的过程中研究中国茶文化的精髓，其中重要一环就是阅读和研究中国茶书，并通过实践得到锤炼和升华。比如，日本早在元禄五年（公元 1692 年）就刊行陆羽《茶经》，现日本的《茶经》藏本多达 20 多种。在江户时代，随着茶道风行全国，日本对于中国的茶书也越来越关心，明朝万历年间所出版的许多茶书，也大量运到日本，成为推动这种风尚的催化剂。在十代将军家治安永三年（公元 1744 年），大典禅师所执笔的《茶经详说》刊行。在此书附言里，大典禅师对《茶经》作了归纳，提出“茶性俭不宜广”，“茶宜精行俭德之人”是茶道的重要内容等等。中国唐、宋、明代的茶学著作都对日本茶道产生了深远的影响。可以说，日本茶道的历史是随着中国茶道历史的发展而发展的。

韩国茶礼同样源于中国的饮茶习俗。早在 1 000 多年前的新罗时期，朝廷的宗庙祭礼和佛教仪式中就运用了茶礼。创建双溪寺的真鉴国师（公元 755—850 年）的碑文中记载了有关茶的习俗。

在亚洲茶文化圈中，还有许多国家和地区的茶俗浸润着中国茶道的精神。比如印度兴起饮茶之风与中国关系密切，同样有用茶待客的习俗和茶规。印度北方家庭有客人来访，主人先请客人坐到铺在地板上的席子上，然后，献上一杯加了糖的茶水，并摆上水果和甜食作为茶点。献茶时，客人不要马上伸手接，须先客气的推辞、道谢。当主人再一次献茶时，客人才能双手恭敬地接住。于是，一边慢慢品饮，一边吃着茶点，一边亲切交谈。整个献茶和品饮，充满着礼敬、和谐的气氛。又如，在阿富汗，家庭煮茶多用铜制圆形的类似中国火锅的“器具”，底部烧火，围炉而饮。无论城市农村，凡是宾客来到，主人总是热情地奉茶，并且也有敬三杯茶的习俗。

中国茶道文化精神在欧美国家和地区的茶礼俗中也有所反映。虽然这些国家同中国的文化传统不同，但他们的饮茶风俗还是受到了东方文明包括茶道文化的影响。如在 17 世纪最早风行茶俗的荷兰，许多富裕家庭，布置专门茶室，茶饮有早茶、午茶、晚茶之分，待客有迎宾、敬茶、品茶之礼。英国流行“午后茶”。当时，饮茶引发了诗人埃德蒙·沃尔特的灵感和创作激情，他在凯瑟琳王后的诞辰上特意写了一首热情洋溢的茶饮赞美诗：“月桂与秋色，美难与茶比。……物阜称东土，携来感勇士；助我清明思，湛然祛烦累。”类似的茶诗在苏格兰、法国等国家都有不少，可看到其中中国茶道精神的浸润和影响。

三、国际茶文化的大交流

在中国茶外传的相当长的时间里，基本上是中国向外国的一脉流向。但随着时间的推移，单向流动变成双向流动，共同促进了中外茶文化的发展。自中国改革开放以来，中国茶文化与外国的交流出现历史上前所未有的新局面。其中，最频繁交流期是近 10 多年。10 多年来，国际茶文化交流引起了社会瞩目：茶艺表演日益增多，各种风格流派不断出现；各地茶艺馆之类的饮茶场所繁荣发达，越来越多的人享受到茶艺的乐趣；茶文化已不是陌生的字眼，引起社会各界的心灵共鸣。

日本茶道虽然成熟、优雅、华丽，但在昭和时代被女性恪守、传播，茶道逐渐演变为仅仅属于女子的世界。近 10 多年来，日本茶道频频与中国、韩国和其他国家交流，里千家、表千家等许多流派都曾到中国参加国际茶文化研讨会或是其他相关学术活动，里千家还在中国建了两处茶室，并常有学员来中国学习茶文化，给中国吹来了一股新风，也促进了日本茶道的发展。近十年来，日本“丹月流”一直热心于中日茶文化交流，访问中国已有 20 多次。

与中国茶文化界的交流使韩国茶道界受益匪浅。韩国陆羽茶经研究会受中国文化的熏陶，潜心致力于茶文化研究已有半个多世纪，该会崔会长已编著出版《锦堂茶话》《现代人与茶》《中国茶文化纪行》等书，还翻译了明代许次纾的《茶疏》以及我国当代茶学专家庄晚芳等著的

《饮茶漫话》等书。他年逾90高龄，仍不辞辛苦多次来中国交流。精于茶道、潜心研究茶文化、成就卓著的韩国茶道协会会长郑相九先生近年也常来中国，并亲率团表演韩国传统茶礼。由他领导的“韩国茶道协会”，就在很多地方设有分会，会员及准会员达3 000多人。其宗旨是：修炼、发扬茶道精神，发扬东洋传统文化，改造人间生活。近几年，他们常常举行“韩国茶道表演”，介绍现代仪式的“韩国茶礼”和“家常茶礼”，以促进社会安定和人类和平。

正是在国际大交流的氛围中，新加坡茶文化也得到了发展。新加坡约有260万人，其中76%是华人。喝茶早已是新加坡华人生活的一部分。但只是为了解渴而喝茶，不带“艺术”，不考究“品茶”，极少人考究到买好茶、泡好茶、喝好茶。由于国际茶文化交流打开了眼界，于是在短短几年间，新加坡就冒出近20家茶馆。这些茶馆各具特色，别致巧妙，典雅有致，但总体而言，都是以弘扬茶文化为主旨，除了卖茶、泡茶、品茶之外，还开班授课，教导茶艺，有的甚至兼开插花班、壶艺班等等。他们还成立了“新加坡茶艺联谊会”，经常聚会煮茶交流，切磋茶艺。

第六节　日本茶道

在千岛之国的日本，每逢庆贺、迎送或者宾主之间叙事、叙情的场合，往往要举行茶道。这是一种十分流行的独特的品茶艺术和饮茶方式，是日本人修身养性、提高文化素养和进行社交的手段。

一、日本茶道源于中国古茶道

追本溯源，日本的茶道来自中国宋代的抹茶法。公元1168年和公元1187年，日本禅师荣西两次来到中国，把茶种和茶技带回日本，茶道也在模仿中国茶会的基础上发展起来。历史上奈良西大寺的献茶盛会对日本饮茶之风的盛行也起了重要作用。中国茶叶刚传到日本时被视为珍品，只供少数人饮用。在700年前，在西大寺一些人士的倡导下茶才开始为一般人饮用。每年春秋季节，都会在奈良西大寺举办大规模的献茶盛会，从全国各地来赴会者约有3 000人。该寺的茶碗比一般茶碗大30倍（约重2～3千克），一碗茶可同时供多人轮流传饮。饮茶前，人们先一字排开，盘腿而坐，饮茶时则跪着，据说喝了这种茶能除邪壮五脏。独具一格的西大寺饮茶方法，现为日本茶道重要流派之一。

到了日本南北朝时代，唐式茶会在日本流行起来，唐式茶会简称茶会。茶会的内容富有中国情趣和禅宗风情，最初流行于禅林，不久便在武士阶层中流行起来。日本南北朝时期的《吃茶往来》和《禅林小歌》详细描绘了当时流行的唐式茶会。

唐式茶会大致是按照如下次序进行的。

第一，点心。即当会众聚集后，请入客殿，飨以点心。所谓点心原是禅宗的用语，是在两次饮食之间为了安定心神所进食的少量食品。点心中所用的各式各样的羹类、饼类、面类都是由日本来华的僧人带回日本的。客人们互相推劝，一切和中国的会餐无异。点心用毕，会众起座，或休息窗边，或闲步庭院。

第二，点茶。会众点心稍息后，进入茶亭入坐，便举行点茶仪式：亭主之息另献茶果，梅桃之若冠通建盏，左提汤瓶，右曳茶筅，从上位至末座，献茶次第不杂乱。

第三，斗茶。点茶以后，为了助兴，玩名为四种十服茶的游戏，称为斗茶，以赌胜负。形式是沏好各种各样的茶，大家喝后猜测是否是日本栂尾产的茶或栂尾以外地区产的茶，借以定胜负。斗茶之法在中国宋朝就已盛行，日本的斗茶之法就是来源于中国。

第四，宴会。在点茶仪式和斗茶之后，撤去茶具，另陈佳肴美酒，重开宴会，歌舞管弦，余兴盎然。

整个唐式茶会进行过程中，点茶、斗茶是在茶亭中进行。茶亭按照中国风格设在风景优美的庭园内。茶亭的正面装饰着释迦、观音、文殊、普贤等佛画。在各槅扇和墙壁上张挂许多宋、元名画家所绘的人物、花鸟、山水画。另在茶亭的一角围以屏风，设置茶炉煮茶，配以精致的茶具装点其间，在客位、主位的席上陈设胡床、竹椅等，完全是中国式样。

虽然唐式茶会所用的点心、点茶方法、器具、字画等都是典型的中国式，每一内容陈设都是模仿了中国式样，但古代中国并无这种形式的茶会。例如，宋代茶肆盛行，与酒肆则截然分开。而日本是把中国饮茶的习惯、风味食品、禅宗风趣、园林亭阁融于唐式茶会之中，这是中国文化在日本的创新。到了日本室町幕府中期，这类茶会有了新的发展，进行茶会时，改茶亭为“座敷”（铺席客厅），茶会分为贵族型的“殿中茶”与平民型的“地下茶”。前者有品玩名贵茶器、名贵茶叶等形式，后者是无拘束的聚集饮茶，类似中国的茶馆。不难看出，唐式茶会是日本茶道的雏形。

二、日本茶道隆盛的时代

正式首创日本茶道的是15世纪奈良称名寺的和尚村田珠光，后有其门徒千利休（公元1522—1591年）集其大成，把日本茶道真正提高到艺术水平上。公元16世纪的日本，群雄争霸，混战不休，织田信长想借茶道帮助其统一天下。他精心搜集了当时各种珍贵茶具，网罗天下茶道的能人，千利休被指定为三大茶头之一，主持制定茶道的仪式和规则，作为一种新文化推广。1582年，织田信长逝世，他的部将丰臣秀吉以武力统一全国，他特别喜爱清静、朴素的茶道风格，于是进一步支持茶道。千利休作为丰臣秀吉的茶头，得揽天下名器，迎来了日本茶道最隆盛的时代。

千利休把深奥的禅宗思想渗入茶道之中，强调茶道的基本精神是“和、敬、清、寂”，并解释说：“和”指和平安全的环境；“敬”指尊敬长者，敬爱朋友；“清”指清静；“寂”指达到悠闲的境界。他提倡朴素廉洁，认为奢侈有害，生活恪守清寂的原则，把茶道作为陶冶性情的修身方法。为了贯穿这一思想，在茶道过程中进行了一系列改革：改茶室北向为南向，滑门为雪白纸糊，室为小间，平面布局紧凑，分床前、客、点前、炉踏达等5个专门地方，同时分出躏口、茶道口、贵人口、给仕口等出入口；窗孔小而多，不对称，有连口窗、地下窗、夹上窗、圆窗、色纸窗、火灯窗等；造材天然特色，具有茅舍风格，农家风范；通道狭小，安有石灯笼、篱笆、踏脚石和洗水盆；碗用乐茶碗。行茶道时定有四规和七则。所谓四规，指的就是前面阐述过的“和、敬、清、寂”；所谓七则，即：点茶有浓淡之分；茶水温度要按季节的不同而改变；煮茶的火候要适度；使用的茶具要保持茶叶的色、香、味；备好一尺四寸见方的炉子；冬天炉子的位置要摆得适当并使之固定；茶室要清洁并插花，花的品种要与环境相匹配，以显示出新颖、清雅的风格。

就在千利休大兴“茶道”之时，丰臣秀吉特别喜爱茶事，以3 000石的极高俸禄拜千利休为师。秀吉常常举行茶道以鼓舞士气，并在民间广泛提倡茶道。秀吉于1587年在京都北野召开了规模空前的大众茶会。日本茶道因此而进入一个隆盛时期。

三、日本茶道的“家元制度”

日本茶道在江户时代进一步得到了发展，形成了师徒秘传的嫡系相承的组织形式。到了18世纪茶道的限制就更严了，继承人只能是长子，代代相传，称为“家元制度”。现代的茶道由数十个流派组成，各派都推举了自己流派的家元。最大的流派是以千利休为祖先的不审庵（表千家流）、今日庵（里千家流）和官休庵（武者小路千家流）的三千家，其中以“里千家”影响最大。据统计，在日本学习茶道礼仪的1 000万人中，就有600万人属“里千家”。“三千家”的传承关系是：千利休死后，由其子少庵继承。不久，少庵隐退，由千利休孙子千宗旦接任，重振了千家这一派。千宗旦又有3个儿子，分别承继祖业。宗左继承了宗旦的不审庵，这支叫“表千家”；宗室在不审庵内侧建立了今日庵，这支称为“里千家”；另外，宗宋那支一度离开茶道，以后在武者小路建立了官休庵，叫做“武者小路千家”。

除“三千家”外，日本茶道流派还有乐流、久田流、织部流、南坊流、宗偏流、松尾流、石州流等。要学茶的人们，在各自的流派入门，跟有教授资格的茶人不断修行，到一定的年限，从家元那里领得证书，认可各种门第资格，家元通过多层重叠的教授统辖着全国的茶人。茶道靠这种方式代代相传，经久不衰。

四、日本茶道组成要素和礼仪规范

茶道由4个要素组成，即宾主、茶室、茶具和茶。参加茶道的人叫茶人，要有一定经验。茶室的大小不一，形状多样，但千利休提倡的四个半贴的草庵小茶室最理想。茶室要有幽雅的环境，布置要简朴而优雅，往往挂着与茶事主题有关的禅语挂轴和名贵字画，室内有插花装饰，供宾客欣赏。古老茶具多为“乐烧茶碗”和茶盘、茶盖、茶勺、茶桶、斫茶锤等，另有炭火茶釜和煮茶用的小坛，以及炭斗、火箸、灰匙、风炉等。茶具要四季应时，并且多系历史珍品。茶是精致的绿茶末，用石臼研制而成，称作“抹茶”。

茶道的礼仪规范：进茶室，宾客要脱鞋躬身入内，表示谦逊。而主人则跪在门前迎接，以示尊敬。客人就座后，宾主致词，观赏茶具。接着，主人开始生火、加水、拂拭茶具，然后煮茶、冲茶、敬茶。水煮沸后，用轻轻的动作冲茶小半碗。主人用双手捧起，敬献给客人。宾客品茶时也要双手捧碗，从左向右转一周，以示拜观茶碗。喝茶时一定要三口喝尽，最后一口还应发出轻轻响声，表示对茶的赞美。茶有两种，一种是深绿色的浓茶，味道清香略苦，要轮流饮；一种是淡茶，每人一碗单饮。有的茶会还有甜点心和简单素食，称为“怀石料理”。客人们都饮完后，一一向主人道谢，茶道仪式即告结束。“要点一碗茶，若从单纯的制作角度上来讲，也许只需要两三分钟，可是，若想要通过点一碗茶的动作来表现大自然的循环运转的过程，来体现东方思想文化之深厚的内涵就不是短短几分钟所能完成的了。所以，在日本茶道里，完成一套规格高的点茶技法需要一个多小时，最简单的也得需要 20 分钟。就这样，东方的哲学思想赋予了点茶技法以丰富的内容，使得烧水涮碗等日常行为有了严格的规范。反过来说，以深厚的东方哲学思想为根基而设定的点茶技法，简洁准确，外柔内刚，有礼有节，阴阳顿挫，令人百看不厌。日本茶道真可谓为东方思想哲学的宠儿与骄子。日本茶道遵循的是"四规""七则"。但根据迎客、庆贺、欢聚、叙事、赏景、论学等不同内容，其仪式也略有差异。而且，随着时代的变化，日本茶道中也做了改革简化，现在普通茶道多用茶会的形式进行。

第七节　韩国茶礼

韩国茶礼又称茶仪，是大众共同遵守的传统的美风良俗，是世界茶苑中别具风采的典雅花朵。"茶礼"这个术语的意思是指阴历的每月初一和十五、节日、祖先生日在白天举行的简单祭礼，也指像昼茶小盘果、夜茶小盘果一样的摆茶活动，也有专家将茶礼解释为"贡人、贡神、贡佛的礼仪"。韩国近代大量翻译中国茶文化著作，特别是陆羽的《茶经》，奠定了韩国茶礼向中国寻根探源的概念。

一、韩国茶礼源于中国古代饮茶习俗

茶礼源于中国古代的饮茶习俗，但并不是简单的照搬和移植，而是把禅宗文化、儒家与道教的伦理道德以及韩国传统的礼节融会于一体所形成的。早在一千多年前的新罗时期，朝廷的宗庙祭礼和佛教仪式中就运用了茶礼。创建双溪寺的真鉴国师（公元 755—850 年）的碑文中，就记载了有关茶的习俗。

在高丽时期，朝鲜半岛已把茶礼贯彻于朝廷、官府、僧侣等各个不同阶层。最初盛行点茶法，就是把膏茶用磨磨成茶末，此后把汤罐里烧开的水倒进茶碗，用茶匙或茶筅搅拌形成乳化状饮用的办法。到高丽末期，有把茶叶泡在盛开水的茶罐里再饮的泡茶法。当时，高丽朝廷举办的茶礼大约有 9 种：一是燃灯会，每年阴历二月十五日，在宫中康安殿的浮阶里开的燃灯会中举行以下茶礼："如近侍官上茶，执礼官面向殿阁鞠躬，上酒饭时，执礼官都面向殿阁鞠躬劝酒饭，后人都随这种礼。

此后给太子以下的侍臣送茶，茶到，执礼官先赞拜，太子以下再拜，执礼官先赞饮，太子以下随饮毕，揖让”；二是八关会，即每年阴历十一月十四日，在宫中仪凤门的浮阶中开的八关会举行如下茶礼：“左侧执礼官引太子和上公到洗手间洗手，如近侍官上茶，执礼官就面向殿阁鞠躬劝茶，近侍官摆茶和饮食，也摆太子公侯伯及枢密两阶侍臣的茶饭，中阶的侍臣站着就餐，然后近侍官上茶。此后，太子以下枢密侍臣都再拜，接茶饮毕后揖让”；三是在十一月十五日举行如下茶礼：“如近侍官上茶和饭菜，执礼官就面向殿阁鞠躬劝茶和饭菜，此后摆太子以下侍臣茶和饭菜差不多”；四是，王问时，从侧门入茶，面拜劝茶后放茶杯，迎北朝诏使仪式，在乾德殿举行茶礼；五是在祝贺太子诞生的仪式中，茶礼在宫中厅幕里简单举行，宾主揖让就座上茶；六是在给太子分封的仪式中，茶礼在东宫门竹席上举行；七是分封王子、王姬仪式中，在大观殿举行茶礼；八是在公主出嫁时的仪式中，在宫中厅幕举行茶礼；九是宴请群臣的酒席仪式中，在大观殿举行茶礼。高丽时期的佛教茶礼表现是禅宗茶礼，其规范是《敕修百丈清规》和《禅苑清规》。朝鲜儒教也讲茶礼。宋朝朱熹的文公家礼传到高丽时是忠肃王时代。当时，郑梦周、赵浚、李崇仁等力劝国王采用朱子家礼（韩国孙旻伶《韩国茶礼史的考察》）。

二、韩国茶礼的精神

韩国提倡的茶礼以“和”和“静”为根本精神，其含义泛指“和、敬、俭、真”。“和”是要求人们心地善良，和平共处，互相尊敬，帮助别人。“敬”是要有正确的礼仪，尊重别人，以礼待人。“俭”是俭朴廉正，提倡朴素的生活。“真”是要有真诚的心意，以诚相待，为人正派。但韩国茶礼侧重于礼仪，强调茶的亲和、礼敬、欢快。所以，茶礼的整个过程，从迎客、环境、茶室陈设、书画、茶具造型与排列到投茶、注茶、茶点、吃茶等，均有严格的规范与程序，力求给人以清静、悠闲、高雅、文明之感。

韩国茶礼的传统曾一度中断，但并没有被消灭。近些年来，“复兴茶文化”运动在韩国积极开展，许多学者、僧人在研究茶礼的历史，同时，也出现了众多的茶文化组织和茶礼流派。韩国釜山女子专门大学等还开设了茶文化课程，培养了一批高级茶文化人才与茶礼的骨干。

三、韩国茶日活动内容

20 世纪 80 年代，韩国经济高速发展，茶文化开始复兴，茶礼再度复兴。每年的 5 月 25 日是全国茶日，年年举行茶文化盛典。活动内容主要有：韩国茶道协会的传统茶礼表演，韩国茶人联合会的成人茶礼、高丽五行茶礼、新罗茶礼、陆羽品茶法等。

1. 成人茶礼

成人茶礼是韩国茶日的重要活动之一。成人茶礼是通过茶礼仪式，对刚满20岁的青年进行传统文化和礼仪教育。其仪式由司会主持。首先是父母及宾客入场并且相互致意、致礼，接着主持者和助手（赞者）同时入场，再接着由会长献烛、副会长献花，之后，冠者（即成年）进场向父母致礼、向宾客致礼，这时，参加茶礼的人员已全部到齐。先由司会致成年祝辞，接着进行献茶式，再接着由刚满20岁的青年合掌致答辞，并再次拜父母，最后，父母答礼。仪式宣告完毕。

2. 高丽五行茶礼

高丽五行茶礼气势庄严，规模宏大，是向神农氏神位献茶仪式。唐代陆羽著有《茶经》，被人称为茶圣。韩国则把中国上古时代的部落首领炎帝神农氏称作茶圣。古代传说中神农“日遇七十二毒，得茶而解之”，神农是发现茶、利用茶的先行者，高丽五行茶礼是韩国为纪念神农氏而编排出来的一种献茶仪式。

高丽五行茶礼中的五行是东方的一种哲学，五行包括五行茶道（献茶、进茶、饮茶、吃茶、饮福）、五方（东、南、西、北、中）、五色（青、白、赤、黑、黄）、五味（甘、酸、苦、辛、咸）、五行（土、木、火、金、水）、五常（信、仁、义、礼、智）、五色茶（黄茶、绿茶、红茶、白茶、黑茶）。

五行茶礼设置祭坛、五色幕、屏风、祠堂、茶圣炎帝神农氏神位和茶具。献茶仪式顺序：四方旗官举着印有图案的彩旗进场，二名武士剑术表演，二名执事身着蓝色和紫色官服入场，由多名女性两人一组地分别献烛、献香、献花瓶、献茶食。30名嘉宾手持鲜花，以二行纵队沿着白色地毯，向神农氏神位献花；一名女性端着大茶碗，前往献茶，并把茶碗置放在神位桌前的圆台上。五行茶礼行者10人全部由女性担任，分成二组盘坐在会场两侧作冲泡茶的表演，并用青、赤、白、黑、黄5种颜色的茶碗向神位献茶，最后女性祭主宣读祭文。高丽五行茶礼是国家级进茶仪式，表现了高丽茶法、宇宙真理和五行哲理，是高丽时代茶文化的再现。茶礼全过程充满了独特的民族风情。

3. 韩国茶礼的对外交流

韩国传统茶礼曾在我国济南、杭州、昆明和上海等地表演，主要是演示古代韩国茶叶冲泡程序和品茗技艺，展示以茶会友、以茶联谊的传统美德。

练习题

1. 中国茶道的基本含义是什么?

2. “以茶可行道”的实质是什么?

3. “茶禅一味”一说意指什么?

4. 作为中国茶道终极追求的“真”有哪些含义?

5. 上海“茶人精神”的基本含义是什么?

6. 近10多年来，国际茶文化交流引起社会瞩目主要表现在哪些方面?

第七单元　茶文化艺术作品赏析

单元提要：中国茶文化内涵博大精深，涵盖了文学（诗、词、散文）、美术（书、画、雕塑）等艺术形态的大多领域，是中华文明一份积淀深厚、千古流传的精神文化遗产和智慧结晶。

文化艺术是现实社会生活的一面镜子，当南方嘉木以绿盈盈的叶子滋润于我们的先人时，在文学艺术这神游万仞的形象思维王国里，即闪现了茶茗的绿色姿影。茶与文学艺术的联姻，使茶这个自然物升华到一个极美的天地。这翠嫩的绿叶上，从此负载丰富的文化内涵并包孕了极为愉悦的审美，从文华初熹、茶影诗痕的唐以前茶文学作品，经唐代的茶诗掇英、绿香满路，宋元的文人茶客叩问芳茗，明代的茗饮大观、歌赋悠韵，到清代的瑞草华章、红楼梦茶，茶文化博大精深的内涵，反映在几千年浩若烟海的艺术领域，包括了诗词、歌赋、音乐、绘画、书法、歌舞及故事、传说等各种艺术形式。本单元精选一些能显现中国茶道精神和内容的诗词歌赋、散文小品和绘画等作品，加以介绍和赏析，以便读者更形象、直观地理解中国茶道精神的精妙要义。

第一节 唐及唐以前茶诗文赏析（5篇）

一、《荈赋》——一幅生动的茶山品茶图

荈 赋

晋·杜育

灵山惟岳，奇产所钟，厥生荈草，弥谷被岗。承丰壤之滋润，受甘霖之霄降。月惟初秋，农功少休，结偶同旅，是采是求。水则岷方之注，挹彼清流；器择陶简，出自东隅；酌之以匏，取式公刘。惟兹初成，沫沉华浮，焕如积雪，晔若春敷。

在中国赋史上，魏晋南北朝是一个重要阶段。而东晋杜育（公元？—311年）作的《荈赋》，是我们现在所能见到的最早的专门吟咏茶事的赋。

这是一幅绝佳的茶山品茶图：作者在秋天农忙闲暇时，率同好友结伴入茶山采茶，并制成茗茶。作者由岷江清流中，汲取清新的活水烹茶，煮开泉水，将钟山灵秀气、承霄降甘露的茗茶粉末置于东方出产的陶器中，加以调制成茶汤。等茶汤调妥后，效法大雅公刘以匏瓜制成的瓢饮酒，用瓢分茶飨友。茶汤中颗粒较粗的茶末下沉，较细的茶末精华浮在瓢面。匏面光彩如皑皑的积雪，明亮如春熙阳光。这篇赋依次铺叙了茶叶生长的情况："弥谷被岗"，"承丰壤之滋润，受甘霖之霄降"；茶农采茶的情景："结偶同旅，是采是求"；以及煮茶用水、用器情况："岷水""陶简"；最后描绘了茶叶煎成之后"焕如积雪，晔若春敷"的美妙情形，以及人们饮后的感受。对于深入研究晋代烹饮方式，具有很高的参考价值。

在这篇赋中，呈现了相当完整的品茗艺术要素。

其一，茗茶。野外亲采亲制之末茶，茶汤色雪白，杜育对茶赞美有加，称为奇产所钟。

其二，水品。茶山旁岷江中之清流，合于《煎茶水记》中所言："夫茶烹于所产处，无不佳也，盖水土之宜。"

其三，炭火。不详，煮火疑用鼎。

其四，茶器。置于福建建安的瓷器调制茶汤。再用瓢分茶飨客，六朝人往往用瓠瓜制成的瓢饮茶。

其五，品茗环境。秋天、四川茶山、临流、佳友。

《荈赋》流传较为广泛，后来唐代顾况著《茶赋》、宋代吴淑著《茶赋》、黄庭坚著《煎茶赋》，都是《荈赋》的继承和发展。《荈赋》作为现在所见到的最早的以茶为主题的文学作品，还影响到其他文学样式的创作。

二、以茶育德的《喜园中茶生》

喜园中茶生

唐・韦应物

洁物不可污，为饮涤尘烦。
此物信灵味，本自出山原。
聊因理郡余，率尔植荒园。
喜随众草长，得与幽人言。

韦应物（公元737—791年），唐代诗人。少年时以三卫郎事玄宗，后为滁州、江州、苏州刺史，世称“韦江州”或“韦苏州”。他为人性格刚直，在历任官职中都努力做一个清廉刚正的地方官。作为一个诗人，他写下了不少田园风格的诗，这些诗，不光是寄托洁身自好、乐天知命的思想，还常常流露出关心劳动人民的情怀。他对茶无比热爱，不仅喜品饮，还亲自参加种茶劳动。

《喜园中茶生》一诗，借茶言志，饮茶修身，种茶育德。开头一句“洁性不可污，为饮涤尘烦”的著名诗句，通过赞茶之纯洁和功效，比喻人品的高洁、高雅。韦应物对茶的赞颂简直成为一种信仰，把茶视为一种有灵味的灵物。全篇讲茶，也是讲人，希望通过饮茶、种茶，来培养自己一生淡泊、不图名利、勤劳廉政的道德情操。

三、千古绝唱——《走笔谢孟谏议寄新茶》

走笔谢孟谏议寄新茶

唐・卢仝

日高丈五睡正浓，军将打门惊周公。

口云谏议送书信，白绢斜封三道印。
开缄宛见谏议面，手阅月团三百片。
闻道新年入山里，蛰虫惊动春风起。
天子须尝阳羡茶，百草不敢先开花。
仁风暗结珠琲瓃，先春抽出黄金芽。
摘鲜焙芳旋封裹，至精至好且不奢。
至尊之余合王公，何事便到山人家。
柴门反关无俗客，纱帽笼头自煎吃。
碧云引风吹不断，白花浮光凝碗面。
一碗喉吻润，两碗破孤闷。
三碗搜枯肠，唯有文字五千卷。
四碗发轻汗，平生不平事，尽向毛孔散。
五碗肌骨清，六碗通仙灵。
七碗吃不得也，唯觉两腋习习清风生。
蓬莱山，在何处？
玉川子，乘此清风欲归去。
山上群仙司下土，地位清高隔风雨。
安得知百万亿苍生命，
坠在巅崖受辛苦。
便为谏议问苍生，到头还得苏息否？

茶史专家认为：唐代茶业最有影响的三件事中，一是陆羽著《茶经》，二是卢仝写茶诗，三是赵赞的“茶禁”（征茶税）。这三件事，前两件都属于茶文化。由于唐代诗人卢仝的突出影响，也爱茶成癖，被后世尊为茶中亚圣。卢仝（公元 775—835 年），自号玉川子，少时曾隐居少室山，刻苦读书。他喜好饮茶，在品尝友人谏议大夫孟简所赠新茶之后，即兴而作《走笔谢孟谏议寄新茶》，即《饮茶歌》。卢仝在“甘露之变”中误捕遇害。为了纪念卢仝，清代在他的家乡河南济源建了“卢仝别墅”“烹茶馆”“卢仝墓”，还把他当年汲水烹茶处命名为“玉川泉”。

在诗中，诗人先赞叹好友孟谏议派人送来的封裹、加工极为精致的新茶是至精至好的上品，在珍惜喜爱之时，联想到了茶的名贵难得，新茶采制的辛苦。接着诗人写自己反关柴门亲自煎饮的情况，其中有对茶汤色泽的描绘，尤其是以神奇浪漫的笔墨，描写了饮茶的感受。诗作的结尾为议论：哪里知道这珍贵的茶叶是多少茶农冒着生命危险攀悬在山崖上采摘的？老百姓这样的日子何时才能到头啊！

卢仝的《饮茶歌》成功之处，首先是将品茶的审美体验的奥妙之处描绘得出神入化，淋漓尽致，你看那一碗到七碗品茗感觉：喉吻润，破孤闷，搜枯肠，发轻汗，肌骨清，通仙灵，两腋习习清风生，每饮完一碗，即开拓出一层极为愉悦的审美天地，就这样层层递进，从口腹之欲升华到精神享受，从世俗红尘展翼飞翔到幻想王国。一切百虑千愁，万种情结，在这里都得到化解，变成了习习而生的清风，飘飘欲仙。这是一种对宇宙生命的总体感悟，人生情感的彻底净化。这种纯洁灵魂的神奇之饮的全过程，在卢仝的笔下得到充分展现。一般来说，饮茶重在“品”，品赏要雅，三杯恰到好处，三杯之后，就成了驴饮。饮后，心情归于宁静。但卢仝却无所顾忌，冲破了一切饮茶的古训规则，一喝就是七大碗，丝毫不见雅人之举。细心的读者也许会发现，如果将这首诗所有的“茶”字，改成“酒”字，那定然是一首很好的饮酒歌。那七碗之饮的茶醉，完全可以用来形容酒醉。人们常说唐代是酒的时代，台湾诗人余光中曾写道：“酒入豪肠，七分酿成月光。剩下三分啸成剑气，绣口一吐，半个盛唐”（《寻李白》）。卢仝的成功之处就在于他将酒的精神输入到茶的魂魄中，因此《饮茶歌》才展现出豪放奇崛的特色。卢仝在诗的结尾发出“安得知百万亿苍生命，坠在巅崖受辛苦”的为民请命的呼喊，是唐人积极入世、拯世救物的时代风范的最好体现。

这首《饮茶歌》的问世对传播饮茶风俗和将饮茶普及到民间起到了很大的推动作用。在唐代璀璨的诗人星群中，卢仝的诗较为普通，但是这首《饮茶歌》却独领风骚，堪称千古绝唱。宋代胡仔在其《苕溪渔隐丛话》中说：“玉川之诗，优于希文之歌（范仲淹有《和章岷从事斗茶歌》）。玉川自出胸臆，造语稳贴，得诗人句法。”卢仝的《饮茶歌》，后来成为人们吟唱茶的典故。诗人骚客嗜茶擅烹，每每与“卢仝”“玉川子”相比，品赏茗泉兴致酣然，常常以“七碗”“两腋清风”代称。

四、“三饮便得道”——《饮茶歌·诮崔石使君》

饮茶歌·诮崔石使君

唐·皎然

越人遗我剡溪茗，采得金芽爨金鼎。

素瓷雪色飘沫香，何似诸仙琼蕊浆。
一饮涤昏寐，情来朗爽满天地；
二饮清我神，忽如飞雨洒轻尘；
三饮便得道，何须苦心破烦恼。
此物清高世莫知，世人饮酒多自欺。
愁看毕卓瓮间夜，笑向陶潜篱下时。
崔侯啜之意不已，狂歌一曲惊人耳。
孰知茶道全尔真，唯有丹丘得如此。

皎然原名谢清昼，唐代著名的诗僧、茶僧，是南朝大诗人谢灵运的十世孙，出身世家，精于佛法诗文和烹茶技艺。唐至德二年（公元757年），陆羽避安史之乱南渡长江后来到吴兴，结识了皎然，钦佩他的学识渊博，尊为师长，并同居于妙善寺约3年。皎然与陆羽心灵相通，相见恨晚，成为莫逆之交。从至德二年结谊到他们相继辞世，在40余年风风雨雨的岁月中，他们友谊笃深，真情不渝，做到了生相知，死相随。皎然与陆羽的佛俗情缘达到生死超然的境界，他们的情谊亦被载入了《唐才子传》，为后人所仰慕。

中唐以后，由于“学禅务于不寐”（封演《封氏闻见录》），可以以茶祛困，推动了饮茶的普及。当时的禅教佛门，茶禅结合，茶风大盛。作为佛僧的皎然，深得茶中三昧，他曾把茶比作“禅经”，说茶“与禅经近”，认为一杯清茶在手，那些佛家面壁打坐，静日参禅的清规戒律都可以取而代之。陆羽《茶经》问世后，皎然对陆羽那种显然渗入了许多儒家思想的茶道不敢苟同，甚至说陆羽是“楚人《茶经》虚得名”。在这种情况下，他借友人赠送他剡溪名茶后煮茶、饮茶所得到的感受提出了自己的茶道观。“三饮便得道，何须苦心破烦恼。”只须第三饮，便能得“道”，皎然认为只有道家的高师才能深得真传且又有完整的茶道。当然，作为陆羽的密友，这种文化上的分歧并未阻止他和陆羽的深厚友谊。

这首“三饮便得道”的茶诗，和卢仝的“七碗茶”诗有异曲同工之妙。前四句铺垫，写新茶的名贵和煮茶时茶沫的色香之美。接下来三碗相连、神韵贯通，首次明确提出了“茶道”的“道”。最后八句拟写饮茶之后的愉悦心情，通过用典对比、联想夸张等艺术手法描绘饮茶后飘飘欲仙的美妙体验。

五、茶宴神醉——《三月三日茶宴序》

三月三日茶宴序

唐·吕温

三月三日，上巳禊饮之日也。诸子议以茶酌而代焉。乃拨花砌，憩庭阴，清风逐人，日色留兴。卧指青霭，坐攀香枝。闲莺近席而未飞，红蕊拂衣而不散。乃命酌香沫，浮素杯，殷凝琥珀之色。不令人醉，微觉清思。虽五云仙浆，无复加也。座右才子，南阳邹子，高阳许侯，与二三子顷为尘外之赏，而曷不言诗矣。

唐代歌咏茶宴茶会的诗歌很多，但反映茶宴的文章却极为罕见，《全唐文》中仅存一篇，这就是吕温《三月三日茶宴序》。

作者吕温（公元 772—811 年）字和叔，河中（今山西永济）人，贞元十四年（公元 798 年）进士。历官左拾遗、户部员外郎等职。茶宴最早可以追溯到三国吴皓“以茶代酒”的故事，但那时茶是酒宴的附属品。只有到了唐代，带有清雅之香的各式茶宴、茶会才名正言顺的正式登场亮相。据统计，唐代茶宴有四种形式：一种是古朴典雅、清静脱俗的寺宴；一种是达官贵人和社会名流的官宴；一种是俭朴务实、自然幽闭的宅宴；一种是饱览风光、诗情画意的野宴。吕温所记的茶宴属于野宴的形式。文中所说的“禊饮”，是古代一种民俗，在三月上旬巳日，人们要去水滨洗涤，消除不祥，洗去宿垢，称为禊，如果携饮食在野外宴，则称禊饮。野宴是四种茶宴中最富于情趣的形式，人们将整个身心投入大自然的怀抱，任清风扑面，红蕊撩衣，可卧可坐，不拘严谨。远见青霭朦胧，近闻莺鸟啭鸣。既品泉煮茗，又观云听籁；既寄情山水，又冥合万物。自然与人世，通过野宴，搭建起如此美妙的精神栖息地，给平庸以高雅，给浮躁以宁静，给情感以葱茏，给生命以绿意。惟其这样的茶饮，人生才见真谛，自然才显风韵，天人方能合一。真是神醉情驰的茶宴！

第二节　宋至清代茶诗词赏析（8篇）

一、广为传诵的《品令·咏茶》

品令·咏茶

宋·黄庭坚

凤舞团团饼，恨分破，教孤令，金渠体净，只轮慢碾，玉尘光莹。汤响松风，早减了两分酒病。

味浓香永，醉乡路，成佳景。恰如灯下，故人万里，归来对影，口不能言，心下快活自省。

黄庭坚是宋代文人茶客最杰出的代表之一。宋代茶诗继承唐代的风范，同时又出现了以词来咏茶的形式。据统计，宋代茶诗、茶词总计达千首。许多著名的诗人、词人都留下了脍炙人口的茶诗、茶词。北宋初年的王禹偁、林逋，中期的梅尧臣、欧阳修、王安石，南宋的陆游、范成大、杨万里等人都有大量的咏茶作品。黄庭坚是“苏（东坡）门四学士”之一，因嗜茶也写过许多茶诗词，专门咏茶的就有近40首，而提及茶事的诗句约有百首之多，因其是江西分宁人，所以被人称为“分宁茶客”。黄庭坚在这些茶诗词中，淋漓尽致地倾诉了爱茶的脉脉情怀，品茶的淡淡雅兴，茶事历历可数，茶谊依依动人。他共写了12篇茶词，占整个宋代茶词的十分之一强，因此他在宋代的词坛上所开拓的茶词园圃，是茶词的绚烂之花，广为人传诵的就是《品令·咏茶》。

这首词的上半阙写龙凤团贡茶碾碎烹煮的过程。下半阙写品茗之后的感受。黄庭坚将品饮后那种味浓香永的审美体验，比作故人万里归来，与友人共剪西窗烛影的那种快活之景，比喻极为奇特，也极为贴切。这种快活，是将稠浓的思乡之情，稀释成一脉温情的细流，滋润蕴藉干涸的心田；这种快活，是将沉重的沧桑之感，冶炼成一派从容的笑容，透视突现了生命的清朗。它是绿野田园中一阵清风，心灵交流的一面旗幡，人生旅程的一座驿站，情感世界的一种净化。难怪宋代胡仔在《苕溪渔隐丛话》中说：“鲁直诸茶词，余谓《品令》一词最佳，能道人所不能言，尤在结尾三四句。”

能道人所不能言的茶词，何止《品令》，请看《一斛珠》下半阙："香芽嫩茶清心骨，醉中襟量与天阔。夜阑似觉归仙阙，走马章台，踏碎满街月。"如此醉茶意境，真谓妙不可言，那胸襟竟如此开阔，能包孕天地；那品茗后回家，竟如此轻松，似回归仙宫神阙，"得得"的马蹄声，敲碎了流泻一街的明月，更敲碎了无奈的寂寞。在宋代茶词作者中，没有谁能像黄庭坚一样如此淋漓尽致地描绘出品茗的感受了。

二、脍炙人口的《和章岷从事斗茶歌》

和章岷从事斗茶歌

宋·范仲淹

年年春自东南来，建溪先暖水微开。溪边奇茗冠天下，
武夷仙人从古栽。新雷昨夜发何处，家家嬉笑穿云去。
露芽错落一番荣，缀玉含珠散嘉树。终朝采掇未盈衫，
唯求精粹不敢贪。研膏焙乳有雅制，方中圭兮圆中蟾。
北苑将期献天子，林下雄豪先斗美。鼎磨云外首山铜，
瓶携江上中泠水。黄金碾畔绿尘飞，紫玉瓯心雪涛起。
斗茶味兮轻醍醐，斗茶香兮薄兰芷。其间品第胡能欺，
十目视而十手指。胜若登仙不可攀，输同降将无穷耻。
于嗟天产石上英，论功不愧阶前蓂。众人之浊我可清，
千日之醉我可醒。屈原试与招魂魄，刘伶却得闻雷霆。
卢仝敢不歌，陆羽须作经。森然万象中，焉知无茶星。
商山丈人休茹芝，首阳先生休采薇。长安酒价减千万，
成都药市无光辉。不如仙山一啜好，泠然便欲乘风飞。
君莫羡花间女郎只斗草，赢得珠玑满斗归。

宋代有些诗人，茶诗写得并不多，但却留下了千古传诵的名篇。如北宋著名文学家、诗人范仲淹只写了两首专门咏茶诗，而他的《和章岷从事斗茶歌》却脍炙人口。

宋代流行的斗茶是重在观赏的综合性技艺，包括鉴茶辨质、细碾精罗、候汤熁盏、调和茶膏、点茶击拂等环节，每个步骤都须精究熟谙，最关键的工序为点茶与击拂，最精彩部分集中于汤花的显现。衡量斗茶胜负的标准，一是看茶面汤花的色泽和均匀程度，汤花色泽鲜白、茶面细碎均匀为佳；二是看盏的内沿与汤花相接处有没有水的痕迹，汤花保

持时间较长、紧贴盏沿不散退的为胜，而汤花散退较快、先出现水痕的则为输。斗茶时，操作者需要心到、手到、眼到，既认真谨慎，一丝不苟，又运作自如，风致潇洒；观赏者屏息静声，视操作起落倾旋，观茶汤变幻散聚，既兴味热烈、扣人心弦，又妙趣横生、雅韵悠深。斗茶时，白色汤花与黑色建盏争相辉映的外部景观，芬芳茶香与浓郁茶情注入心头的内在感受，不仅给人物质的享受，更能给人带来精神的愉悦。

这首脍炙人口的茶诗，以生动形象的手法描述了当时斗茶的情况。茶器的精美，茶汤的优质，茶味的隽永，茶香的悠长，都在诗人笔下一一展现。这不仅是斗茶的品质、水的优劣、茶技的高低，更是斗美。正如诗中所说“林下雄豪先斗美”，那茶汤的变幻散聚，那击拂点茶的起落倾旋，那汤色的润泽鲜白，那茶香的清沁扑鼻，那茶味的妙不可言，于是，满眼跳动的是美的色彩，满耳飘荡的是美的韵律，满心承载的是美的感受。生命的激情在这里奔流，浓郁的诗情在这里勃发，一切都幻化出壮丽无比的美的乐章。在写了胜者仿佛登临仙界和输者犹如战败囚徒的两种表情、两种心态的鲜明对照以后，诗人意犹未尽，还以夸张豪放的诗句写茶的神奇功效：“于嗟天产石上英，论功不愧阶前蓂。众人之浊我可清，千日之醉我可醒。屈原试与招魂魄，刘伶却得闻雷霆。卢仝敢不歌，陆羽须作经。森然万象中，焉知无茶星。商山丈人休茹芝，首阳先生休采薇。长安酒价减千万，成都药市无光辉。”茶的功效不下于阶前的瑞草，可使迷惑状态的屈原招回魂魄，可使酣声如雷的刘伶从沉睡中清醒过来。卢仝敢不为茶献上一首千古绝唱？陆羽能不为茶书万年经典？万木葱茂的大山，冥冥悠遥的苍穹，怎能说没有茶业中的伟人？商山四皓不需要再吃灵芝，首阳先生不需要采薇而食。长安城的酒价，减去千万；成都府的药市，失掉光辉。最后归结到一点：“不如仙山一啜好，泠然便欲乘风飞。”统统不如饮此佳茗，轻妙地乘风而去。整首诗飘溢着茶味的芬芳，是斗茶之风普及全国的艺术写照，无怪乎有人将这首诗和卢仝的“七碗茶”诗相比美。

三、代表元朝士大夫嗜茶之习的《耶律楚材茶诗》

西域从王君玉乞茶因其韵七首（选三首）

辽·耶律楚材

积年不啜建溪茶，心窍黄尘塞五车。

碧玉瓯中思雪浪，黄金碾畔忆雷芽。
卢仝七碗诗难得，谂老三瓯梦亦赊。
敢乞君侯分数饼，暂教清兴绕烟霞。

当蒙古高原的铁蹄席卷中原大地和江南水乡时，惯于马上骑飞剽悍的一代天骄们，虽然也将茶饮作为生活的必需，但那只是在“大官汤羊厌肥腻”之后，才会渴求“玉瓯初进江南茶”（马祖常《和王左司竹枝词》）。但茶文化传统的历史沉积仍统摄元代文化人的精神，最能代表当时士大夫嗜茶之习的是元代著名贤相和饱学之士耶律楚材的《西域从王君玉乞茶因其韵七首》。

此诗的第一首所表达的意思是：由于长年饮不到好茶，诗人感到心窍都被黄尘堵塞了，文思不畅。诗中对喝建溪茶的美好回忆，又用卢仝和从谂禅师的嗜茶典故表达自己对好茶的梦寐以求，并明确表示乞茶之意。

不料，远在西域居然得到了建溪名茶，于是诗人在惊喜之余便烹饮起来：

厚意江洪绝品茶，先生分出蒲轮车。
雪花滟滟浮金蕊，玉屑纷纷碎白芽。
破梦一杯非易得，搜肠三碗不能赊。
琼浆啜罢酬平昔，饱看西山插翠霞。

第二首诗首先对王君玉赠茶表示感谢，接着写碾茶、煎茶与饮茶，“搜肠三碗不能赊”。终于实现了饮茶的愿望，饮完悠闲地欣赏起山边的翠霞来。一股久旱逢甘雨般的满足感跃然纸上。

诗人在最后一首诗中写道：

啜罢江南一碗茶，枯肠历历走雷车。
黄金小碾飞琼屑，碧玉深瓯点雪芽。
笔阵陈兵诗思勇，睡魔卷甲梦魂赊。
精神爽逸无余事，卧看残阳补断霞。

品饮及毕，诗思泉涌，精神爽逸，怡然陶醉。这一组饮茶诗里，详细生动地刻画了饮茶带给人的精神愉悦，表达了诗人酷爱饮茶的情感。

四、充满茶香亲情的文征明茶诗

文征明（公元1470—1559年），江苏苏州人，是明代中期（成化隆庆期间）吴中诗坛领袖人物。他的诗歌主要描写平静闲适的生活，诗风也显得疏淡冲和。在悠闲的光阴中品泉煮茶是他平静生活中一日不可或缺的部分，因而他写了大量的茶诗。据统计，文征明茶诗和叙及茶事之诗在150首以上，其中专写茶的诗有30多首，是明代写茶诗最多的一位。请看下面这首《次夜会茶于家兄处》：

慧泉珍重著《茶经》，出品旗枪自义兴。
寒夜清谈思雪乳，小炉活火煮溪冰。
生涯且复同兄弟，口腹深惭累友朋。
诗兴扰人眠不得，更呼童子起烧灯。

一个寒冷的冬夜，诗人与其兄围坐在小火炉旁，敲冰煮茗。茶为宜兴紫笋，水为慧泉寒冰，长夜清谈，促膝相叙，相伴惟有香茗。雪乳浮香，茶烟飘馨，温暖了寒冷的冬夜，沟通了脉脉亲情。于是诗人夜不能寐，诗兴大发，写下了这首充满茶香亲情的诗篇。在文征明之前，有许多待客以茶的诗篇，现在文征明的兄以茶待弟，茶礼已深入亲情之中，看似淡泊，实为浓情，以茶会弟，淡而弥亲，茶谊长存。这正是此诗的价值所在。

文征明不喜饮酒，却偏嗜香茗。他有“吾生不饮酒，亦自得茗醉”诗句以自况。于是亲朋好友送给他佳茗美泉，他深感歉意，认为是“口腹深惭累友朋”。为了答谢友朋，他总是奉诗一首，如《谢宜兴吴大本寄茶》《是夜酌泉试宜兴吴大本所寄茶》《袁与之送新茶荐以荣夫新笋赋谢二君》等。特别是《雪夜郑太吉送慧山泉》：

有客遥分第二泉，分明身在慧山前。
两年不挹松风面，百里初回雪夜船。
青箬小壶冰共裹，寒灯新茗月同煎。
洛阳空说曾驰传，未必缄来味尚全。

雪夜送美泉，本身就是一幅诗中画，一首画中诗。中国人向来讲究礼尚往来，礼文化已构成我们民族文化的主体部分，但文化有时被扭曲，显出怪异。送价值连城的金银珠宝，礼品可谓重矣，但礼品的后面却往往藏着狡诈与阴谋。惟独雪夜送美泉之礼，才深得礼仪之真谛，没有功利之动机，惟见一片冰心。那一壶清泉里，荡漾着多少情谊？那飘洒的飞雪，顿然都有了春意。感谢诗人给我们留下了晶莹剔透的纯情，给明代的茶文献带来了一片滋润。

五、洋溢俚俗之趣的《竹枝词》

竹 枝 词

清·郑板桥

溢江江口是奴家，郎若闲时来吃茶。
黄土筑墙茅盖屋，门前一树紫荆花。

郑板桥（公元1693—1765年）名燮，字克柔，号板桥，他是清代著名的书画家，也是位爱茶的诗人，写过20多首茶诗，而且写得通俗易懂。《竹枝词》所描绘的是：一位天真大胆的民间少女，以吃茶作为爱情的信息，传递给爱慕已久的情郎。“吃茶”是中国民俗婚姻茶礼的习惯用语，那位少女的情哥哥当然懂得其中的含义。黄土墙、茅盖屋和门前一树紫荆花的描写，更表现出这是一位劳动人家的普通少女，她对爱情追求的大胆和执著是任何大家闺秀不敢企求的。在这迥然有别的茶事天地里，飘洒而出的是一股野泼泼的生活情趣。

第三节　宋至清代茶文赏析（3篇）

一、千古奇文——《叶嘉传》

《叶嘉传》

宋·苏东坡

叶嘉，闽人也，其先处上谷，曾祖茂先，高不仕，好游名山，至武夷，悦之，遂家焉。尝曰：“吾植功种德，不为时采，然遗香后世，吾子孙必盛于中土，当饮其惠矣。”茂先葬郝源，子孙遂为郝源民。至嘉，少植节操，或劝之业武，曰：“吾当为天下英武之精。一枪一旗，岂吾事哉!”因而游见陆先生，先生奇之，为著其《行录》，传于世。方汉帝嗜阅经史，时建安人为谒者，侍上。上读其《行录》而善之，曰："吾独不得与此人同时哉！"曰："臣邑人叶嘉，风味恬淡，清白可爱，颇负其名，有济世之才。虽羽知，犹未详也。"上惊，敕建安太守召嘉，给传遗诣京师。郡守始令访嘉所在，命赍书示之，嘉未就遣。使臣督促，郡守曰："叶先生方闭门制作，研味经史，志图挺立，必不屑进，未可促之。"亲至山中，为之劝驾，始行登车，遇相者揖之曰："先生容质异常，矫然有龙凤之姿，后当大贵。"嘉以皂囊上封事，天子见之曰："吾久饫卿名，但未知其实耳。我其试哉！"因顾谓侍臣，曰："视嘉容貌如铁，资质刚劲，难以遽用，必槌提顿挫之乃可。"遂以言恐嘉曰："砧斧在前，鼎镬在后，将以烹子，子视之如何？"嘉勃然吐气曰："臣山薮猥士，幸惟陛下采择至此，可以利主，虽粉身碎骨，臣不辞也。"上笑，命以名曹处之，又加枢要之务焉。因诫小黄门监之。有顷报曰："嘉之所为犹若粗疏然。"上曰："吾知其才，第以独学，未经师耳。"嘉为之屑屑就师，顷刻就事，已精熟矣。上乃敕御使欧阳高、金紫光禄大夫郑当时，甘泉侯陈平三人与之同事。欧阳嫉嘉初进有宠，曰："吾属且为之下矣！"计欲倾之。会天子御延英，促召四人，欧但热中而已，当时以足击嘉，而平亦以口侵凌之。嘉虽见侮，为之起立，颜色不变。欧阳悔曰："陛下以叶嘉见托吾辈，亦不可忽之也。"因同见帝，欧阳称嘉美，而阴以轻浮鄙之。嘉亦诉于上，上为责欧阳，怜嘉，视其颜色久之，曰："叶嘉真清白之士也，其气飘然若浮云矣。"遂引而宴之。少选间，上鼓舌欣然曰："始吾见嘉，未甚好也，久味之，殊令人爱，朕之精魂不觉洒然而醒。"乃曰："启乃心，沃朕心，嘉之谓也。"于是封嘉为钜合侯，位尚书。曰："尚书，朕喉舌之任也。"由是宠爱日加，朝廷宾客，遇会宴享，未始不推于嘉。上日引对，至于再三。后因侍宴苑中，上饮逾度，嘉辄苦谏，上不悦，曰："卿司朕喉舌，而以苦辞逆我，我岂堪哉！"遂唾之。命左右仆于地。嘉正色曰："陛下必欲甘辞利口，然后爱耶？臣言虽苦，久则有效。陛下亦尝试之，岂不知乎？"上顾左右曰："始吾言嘉刚劲难用，今果见矣。"因含容之，然亦以是疏嘉。嘉既不得志，退去闽中。既而，曰："吾未如之何也已矣。"上以不见嘉月余，劳于万机，神茶思困，颇思嘉，因命召至，喜甚，以手抚嘉曰："吾渴见卿……久矣。"遂恩遇如故。上方欲以兵革为事，而大司农奏计国用不足。上深患之。以问嘉。嘉为进三策：其一曰榷天下之利、山海之资，一切籍于县官。行之一年，财用丰赡，上大悦，兵兴有功而还。上利其财，故榷法不罢。管山海之利，自嘉始也。

居一年，嘉告老，上曰："钜合侯其忠可谓尽矣。"遂得爵其子，又令郡守择其宗支之良者，每岁贡焉。嘉子二人，长曰抟，有父风，袭爵。次子挺，抱黄白之术，比于抟其志尤淡泊也。尝散其资，拯乡闾之困，人皆德之，故乡人以春秋伐鼓大会山中，求之以为常。

赞曰：今叶氏散居天下，皆不喜城邑，惟乐山居。氏于闽中者，盖嘉之苗裔也。天下叶氏虽夥，然风味德馨为世所贵，皆不及闽。闽之居者又多，而以郝源之族为甲。嘉以布衣遇天子，爵彻侯位入座，可谓荣矣。然其正色苦谏，竭力许国，不为身计，盖有以取之。夫先王用于国有节，取于民有制，至于山林川泽之利，一切与民。嘉为策以榷之，虽救一时之急，非先王之举也。君子讥之，或云：管山海之利，始于盐铁丞孔僅、桑弘羊之谋也。嘉之策未行于时，至唐，赵赞始举而用之。

苏轼（公元1037—1101年）字子瞻，号东坡居士，眉山（今四川眉山县）人，是我国宋代杰出的文学家，同时也是一个种茶、烹茶、品茶样样精通的著名茶人。苏东坡生性聪慧，22岁便进士及第，可以说是少年得志，但因秉性正直，所以仕途坎坷，屡遭贬谪，受尽磨难。在他宦海沉浮的一生中，茶始终是润泽他人生的甘露。他一生写有近百首茶诗词，还用拟人的笔法写了一篇千古奇文《叶嘉传》。

《叶嘉传》所讲内容如下：

叶嘉先生，福建人。祖辈居上谷，品格清高，不愿做官，好游名山。后来选中了武夷胜地，便在这里安家。

叶嘉先生，禀性恬淡，清白可爱，深有他祖先的遗风。虽具济世之才，却隐居深山。因好漫游，便结识了当时颇有名气的陆羽。陆羽十分赏识叶氏卓立不群的个性，遂欣然提笔为他写下洋洋三大卷的叶嘉先生行事录。

皇帝平时很喜欢阅读经史。有一天，他看到建安人进献的陆羽书，欣悉国中还有隐士叶嘉先生，便急忙下诏建安太守，指示他立即宣召叶嘉上京见驾。谁知叶嘉无意离开山居。天子再派使臣催促。建安太守回奏说："叶先生刚刚闭门潜心制作，研味经史，志图挺立。未可匆忙召进。"后经太守亲到山中劝驾，叶嘉这才登车起程。路上巧遇相士，相士观颜察色，然后预言说："叶先生容质异常，实有龙凤之姿。日后必当大贵！"

到了殿廷之上，天子细细端详了叶嘉先生的仪表，对左右大臣说："叶嘉容貌黑似铁，资质刚而劲；野性未尽，难以立即起用。必须经过一番槌提顿挫，方可委以重任。"于是恐吓叶嘉说："砧斧就摆在你的面前，鼎锅放在你的身后，我要把你煮烂。就看你怎么办了！"叶嘉毫无惧色，勃然吐气说："我本山间莽夫，今天有幸让陛下采择到此，只要可以利主，臣虽粉身碎骨，也在所不辞！"叶嘉刚正纯朴的品格，感动了天子，因而对他倍加宠幸，经过较长时间的接触，天子对叶嘉的了解加深了，于是充满感情地赞叹说："叶嘉真清白之士也，其气飘然若浮云。朕初次与他接触，并未发觉叶嘉有什么好处。经细细斟酌他的言语，觉得能振奋我的精神。真令人感到可爱！"于是下诏封叶嘉为"钜合侯"，授官"尚书"。事后，天子十分得意地说："尚书是我喉舌之官啊！"自此，天子几乎日日宣召叶嘉答对。

有一次，叶嘉在后宫伴宴。因不满天子纵情豪饮，多次直言劝谏。天子很不高兴地说："你是我司喉舌之官，怎能常用苦涩言辞逆我！"于是命令左右将叶嘉打翻在地。叶嘉依然正色说："陛下是否一定要听到阿谀逢迎的话才觉得好？臣虽言辞苦涩，时间一久，却能显出功效。陛下不是已经体味过了吗？难道还不清楚！"至此，天子指指叶嘉，望着左右大臣说："我早就讲过，叶嘉刚劲难用，今天果然应验了。"终于还是宽恕了叶嘉，但从此却疏远了他。叶嘉深感郁郁不得志，便回福建老家隐居。

天子已有一个多月没有见到叶嘉了，反倒十分想念他。加上近来日理万机，神思困顿。因此降诏召回叶嘉。刚见面时，天子欢喜无比，频频用手抚摸叶嘉说："我渴望见你已经好久了！"从此礼遇一如昔日。

> 时值战事频繁，国库空虚。天子向叶嘉问计。叶嘉进策三道，其一便是建议推行山海特产由国家专卖的政策。实施了一年，国家财用果然丰足，军队也建立战功班师还朝。天子大喜。从此，专卖法便继续贯彻执行。
>
> 一年后，叶嘉告老还乡。天子为了奖励叶嘉尽忠报国的精神，特命郡守每年都从叶氏后代中选拔优秀之才入朝廷当官。
>
> 叶嘉的后代子孙，同样志趣高尚，淡泊明志。乡里有困难，他们常常慷慨散资相助。所以乡亲们都十分欣赏他们的美德。每当春到，便会合山中寻求叶氏子孙。

《叶嘉传》结尾，附有苏东坡的论赞说：叶氏后裔现已散居天下，他们都不喜欢住在城市而乐意山居。其中的福建籍叶姓，乃叶嘉嫡系子孙，家声更著。叶嘉出身平民，虽受到天子特殊礼遇，但他不忘本分，正色苦谏，以身许国，从不计较自身利害得失。这实在是很可取的高贵品格。至于国家专管山海之利一事，有人说开始于汉武帝时的桑弘羊。叶嘉的建议，当时实未被采纳，直到唐代的赵赞才开始贯彻施行。

在《叶嘉传》中，苏东坡把茶叫做叶嘉，是取譬为名，叶是茶叶，嘉者美者，其中的深刻寓意值得我们细细品味。

叶嘉闽人反映福建茶叶举世闻名的事实；叶氏子孙“散居天下”说明普遍产茶、用茶；喜欢山居揭示茶的习性及其生长环境；“貌似黑铁，资质刚而劲”是经过精心制作后茶的形状；“龙凤之姿”影射贡茶中的龙团、凤团；“风味恬淡，其气飘然若浮云”是茶性的写照；“言辞苦涩”是茶味的写照；“槌提顿挫，闭门制作”象征制茶程序；砧斧鼎锅置于面前身后、煮烂、粉身碎骨既略写饮茶方法，又示知部分茶具；“醒我精魄”“喉舌之官”阐明茶的功效；宣召叶嘉进京、选拔叶氏子孙入贡、山海特产专卖是列举榷茶、贡茶法；乡亲每逢春季会合山中寻求描述了采茶活动；叶氏子孙慷慨散资帮助乡里困难反映了茶农靠茶叶买卖谋生；封“钜合侯”突出饮茶是普遍受到欢迎的民俗。

苏东坡凭借其生花妙笔，以滑稽有趣的独特手法，把茶拟人化，叙述了茶的历史和茶的德行，既描写了宋人的饮茶方式和对茶的认识，又刻画了“叶嘉”的淡雅清高的品德。同时，《叶嘉传》也是苏东坡个人终生郁郁不得志的写照。

二、体现茶道古风要义的《煮茶梦记》

《煮茶梦记》

元·杨维桢

铁龙道人卧石床，移二更，月微明及纸帐，梅影亦及半窗，鹤孤立不鸣。命小芸童汲白莲泉，燃槁湘竹，授以凌霄芽，为饮供。道人乃游心太虚，雍雍凉凉，若鸿蒙，若皇芒，会天地之来生，适阴阳之若亡，恍兮不知入梦。

遂坐清真银晖之堂，堂上香云帘拂地，中著紫桂榻，绿琼几。看太初《易》一集，集内悉星斗文，焕烨火爚熠，金流玉错，莫别爻画，若烟云日月，交丽乎中天。欻玉露凉，月冷如冰，入齿者易刻。因作《太虚吟》，吟曰："道无形兮兆无声，妙无心兮一以贞，百象斯融兮太虚以清。"歌已，光飚起林末，激华氛，郁郁霏霏，绚烂淫艳。乃有扈绿衣若仙子者，从容来谒云："名淡香，小字绿花。"乃捧太玄杯，酌太清神明之醴，以寿予。侑以词曰："心不行，神不行，无为而万化清。"寿毕，纾徐而退，复令小玉环侍笔牍，遂书歌遗之曰："道可受兮不可传，天无形兮四时以言，妙乎天兮天天之先，天天之先兮复何仙?"

移间，白云微消，绿衣化烟，月反明予内间，予亦悟矣。遂冥神合元，月光尚隐隐于梅花间。小芸呼曰："凌霄芽熟矣!"。

元代著名文学家杨维桢（公元 1296—1370 年）写的《煮茶梦记》是记叙道教与茶、茶道一体，显示本土宗教思想绚丽之花的代表作之一。

在《煮茶梦记》中，作者以优美的文字描绘出一个茶人缥缈而美妙的梦。时过二更，月照梅花的夜晚，铁龙道人独卧石床并命童仆小芸汲来白莲泉泉水，点燃湘竹枯枝，烹清香的凌霄茶。在烹茶过程中，作者的心伴随着茗烟而神游于缥缈无际的太空，恍然如梦进入月宫，读《易经》，眼观变化莫测的爻画，创作空灵的《太虚吟》，接受绿衣仙子的美酒，酒后又写了一首歌。歌罢收合神思，方知是梦，梦醒后白云消散，仙女化烟，只有明月依旧照在梅花间。这时小芸大声地叫："凌霄茶熟了!”全文表现出茶人拓落出尘，以明月为伴，与仙子为友，在太空中无拘无束地漫游的精神追求。这种人、茶、境、思浑然一气，在品茶过程中，空灵虚静，心驰宏宇，神冥自然的境界，正是老庄道学所追求的“含道独往，弃智遗身”的境界，也正是茶道的最高境界。

三、绘声绘色的《闵老子茶》

陶庵梦忆·闵老子茶

明·张岱

周墨农向余道，闵汶水茶不置口。戊寅九月，至留都，抵岸，即访汶水于桃叶渡。日晡，汶水他出。迟其归，乃婆娑一老，方叙话，遽起曰：“杖忘某所。”又去，余曰：“今日岂可空去。”迟之又久，汶水返，更定矣。睨余曰：“客尚在耶，客在奚为者。”余曰：“慕汶老久矣，今日不畅饮汶老茶，决不去。”汶水喜，自起当炉，茶旋煮，速如风雨。导至一室，明窗净几，荆溪壶、成宣窑瓷瓯十余种，皆精绝。灯下视茶色，与瓷瓯无别，而香气逼人。余叫绝。余问汶水曰：“此茶何产?”汶水曰：“阆苑茶也。”余再啜之，曰：“莫绐余，是阆苑制法，而味不似。”汶水匿笑曰：“客知是何产?”余再啜之，曰：“何其似罗岕甚也。”汶水吐舌曰：“奇！奇!”余问：“水何水?”曰：“惠泉。”余又曰：“莫绐余！惠泉走千里，水劳而圭角不动，何也?”汶水曰：“不复敢隐。真取惠泉，必淘井，静夜候新泉至，旋汲之，山石磊磊藉瓮底，舟非风则勿行，故水不生磊，即寻常惠水，犹逊一头地，况他水耶?”又吐舌曰：“奇！奇!”言未毕，汶水去，少顷，持一壶满斟余曰：“客啜此。”余曰：“香扑烈，味甚浑厚，此春茶耶。向瀹者是秋采。”汶水大笑曰：“予年七十，精赏鉴者无客比。”遂定交。

在明代末年的文人中，自称为“茶淫桔虐”的张岱（公元1597—1689年)，可以说是明代茶文化终结式的人物。他字石公，号陶庵，山阴（今浙江绍兴）人。他虽然出身于仕宦之家，却终身未仕，其所著《陶庵梦忆》是一部随笔杂著。其中的《阳和泉》《禊泉》《兰雪茶》《闵老子茶》《王月生》《露兄》等都是反映晚明时期茶事生活的重要文献。

明代晚期至清代初期，茶文化风尚又是一变。自万历、天启到崇祯末年，以小品为代表的文学追求物趣雅韵，讲求至精至美。当时的文士认为：事物的极精极美就是道，道已存在事物之中，是不假外求的，所以，他们又重提茶道。张源首先提出茶神、茶道论，强调要达到茶神得先做好茶道，“造时精，藏时燥，泡时洁。精、燥、洁，茶道尽矣。”当时有一批文人把一辈子时光都泡在茶中，这是许多文士遭受明清鼎革之故期间饱受亡国破家之痛的一种精神支柱。《闵老子茶》记述了张岱与南京闵汶水的缔交过程。最初，周墨农向张岱介绍了闵汶水，张岱到南京桃叶渡口拜访他。闵汶水泡茶招待，为了试探张岱究竟懂不懂茶，是不是假装风雅的纨绔子弟，闵汶水先说是阆苑茶，张岱回说是罗岕茶。至于用水，闵汶水先说是惠山泉水，张岱说与一般惠山泉水不同。后来，闵汶水又泡了一壶，张岱品尝之后，说是秋茶，而不是春茶。经过这一番试探，张岱的答案得到了满分。闵汶水对张岱作了这样的鉴定：“予年七十，精赏鉴此，无客比。”于是，他们成了莫逆之交。

《闵老子茶》描写绘声绘色，真是一篇令人叫绝的小品文。这种既有实事，又有对话，更有情节的茶文献比较少见。从文章中我们可以看出，张岱品茶鉴水已经到了出神入化的地步。可以说他是明代一流的品茶行家。

第四节　茶书画艺术作品赏析

有关描绘茶事、煮茶、品茶、茶具等内容的书法、绘画统称为茶书画艺术作品，它与中国茶文化发展、中国书画艺术的发展紧密相连。书画家们在纸绢上浓缩着自然和生活，在笔墨中宣泄自己对茶对人生的感受。这些与茶有关的独特的艺术作品，因历史而显露出永恒魅力，令我们回味无穷。

一、唐·阎立本《萧翼赚兰亭图》

阎立本（公元？—673 年），雍州万年（今陕西西安）人，贵族出身，唐代早期画家。父阎毗为隋代官宦，既是画家，又擅长建筑工程。兄立德亦是一位画家。阎立本曾作过掌管皇家营造事业的“将作大臣”。显庆中曾代兄任工部尚书。总章元年（公元 668 年）官至“右相”，故世有“左相（姜恪）宣威沙漠，右相（阎立本）驰誉丹青”之谓。阎立本擅长人物画，注重人物个性特点和心理活动的刻画。其画的风格是“结构严谨，气魄宏大。”

《萧翼赚兰亭图》（见彩图 9）描绘了唐太宗派萧翼从辨才和尚手中诱骗晋代书法家王羲之书《兰亭序》真迹的故事。画面上，机智狡猾的萧翼和疑虑为难的辨才和尚被画家刻画得惟妙惟肖。此外，画面上还清楚地描绘了另一番情景：一老仆人蹲在风炉旁，炉上置一锅，从其器形可辨当是《茶经》中所提到的“鍑”（釜）。观其景，锅中的水已煮沸，碾好的茶末刚放入，老仆人手持“茶夹子”欲搅动“汤花”。另一旁，有一童子弯腰，手执茶托盏，小心翼翼地准备将茶水倒入盏中。矮几上，放置着其他茶碗、茶罐等饮茶器皿。这幅画不仅记载了古代僧人以茶待客的史实，而且再现了 1 000 多年前饮茶所用的茶器茶具以及烹茶方法。

在中国历史上精于茶事的僧人不乏其人，种茶、制茶、饮茶成为僧人生活的一个重要的组成部分。历史上不少佛门名茶如：普陀佛茶、蒙山茶等均由僧人种植、创制。“以茶代酒”“饮茶破睡”也成为佛门的重要活动之一。由于僧人的爱好和推崇，饮茶之风很快影响到民间，唐人《封氏闻见录》中所记“开元中，泰山灵岩寺有降魔师，大兴禅教，学禅务于不寐，又不餐食，皆许其饮茶。人自怀挟，到处煮饮，从此转相仿效，遂成风俗……王公朝士无不饮者……”，《萧翼赚兰亭图》为唐代僧人好饮茶并以茶待客提供了史料依据。

二、宋·刘松年《撵茶图》和《茗园赌市》

刘松年是浙江杭州人，为宋代孝宗、光宗、宁宗三朝的宫廷画家，尤善人物画，后人把他与李唐、马远、夏圭并称为“南宋四家”。所画人物画，或为历史故事，或描写人们的生活和劳动场景，或描写贵族、士大夫的生活，造型典雅，用笔清丽。据记载，刘松年一生画了不少茶画，想必画家亦是一个好茶之人。

刘松年作《撵茶图》（见彩图 10）为我们了解唐宋制茶的历史、碾茶的工具和方法提供了形象资料。画面的左前方，一仆役坐在矮几上，手执磨把正在转动石磨，另一仆役站在桌旁，一手执茶汤瓶，一手执茶盏，正欲注茶于盏中。桌面上还放着茶瓯（汤盆）和其他茶舟、茶碗等器具，桌角处挂着一方茶巾，在棕叶太湖石旁，有一贮茶饼用的茶瓮，上面覆盖着用于封口防潮之箬叶。图右侧画三人：一僧伏案执笔作书，一人相对而坐，似在观赏，又似在等待，另一人坐其旁，正展卷欣赏，作兴奋又惊叹之状。相传画中高僧就是中国历史上的“书圣”——怀素。在此，我们不必去追求其传说是否真实，仅就画家将两仆役的茶事与高僧文人之吟颂、挥毫安排在一幅画面上且不分主、衬，这已充分说明，当时煮茶之事已从一般厨房杂事中分离出来，已经将有关茶事所用的器具、侍从的操作方法以及煮茶过程作为一种美的技艺来欣赏和推崇。同时也证明了，茶已经成为佛门僧人和文人生活中不可缺少的东西。

刘松年的另一幅《茗园赌市》（见彩图 11）再现了宋代民间品茶情景和“斗茶”的习俗。画中一茶贩挑着茶担，上面盖着茶棚，茶担上写着“上等江茶”的招贴，担内放着各式茶具，担右侧一妇人身着开襟低胸衣，一手提茶篮，一手执茶盘，身旁一童子，手捧茶碗，担左侧五人，姿态表情各异，正在进行“茗战”。“茗战”又称“斗茶”，始于五代福建建安一带，原以“斗茶”的方式，评定其色、香、味、形的优次等级并决出进贡朝廷的上等茶，发展到宋以后，文人雅士与茶家通过斗茶来切磋制茶技巧，交流品茶艺术，民间亦有以斗茶赌胜负的活动。斗茶在当时，无论是对文人还是百姓来说，都是一大乐事。从画面的人物衣着看，这些男人、女人、大人、孩子皆为村夫百姓，从他们的动作和神态中，再现了宋代崇尚饮茶达“全国皆痴”的历史。

三、元·赵孟頫《斗茶图》

赵孟頫（公元 1254—1322 年）元代书画家，字子昂，号松雪道人，是我国画史上影响较大的山水、人物、花鸟、书法无所不能的大艺术家和文艺理论家。《斗茶图》（见彩图 12）中的人物造型、用笔线条展现了他古朴、自然、简率的绘画风格。《斗茶图》描绘四人，身边放着几副茶担，左前一人，足登草鞋，一手执茶碗，一手提茶桶，袒胸露臂，似在夸耀自己的茶质最好，其神态表露出自己有稳操胜券之把握。身后一人双袖卷起，正将茶汤注入碗中，其旁站立两人，双目凝视，正在观看这场“茗战”的胜负。从画面人物衣着看，当是春夏之交，画面人物的表情流露出一种对新茶上市的喜悦之心情。斗茶始于唐盛于宋，至元代始衰，而赵孟頫用心所作的这幅民间农夫《斗茶图》，则是他身在朝廷心在野的真实写照。可以说此幅《斗茶图》倾注了作者对旧日山河的怀念之情。

四、明·唐寅《品茶图》

唐寅（公元 1470—1523 年），初字伯虎，后更字子畏，号六如居士，江苏人。他出身商人之家，少有才名，极有天赋，29 岁时中应天府解元，但又因考场舞弊被牵连入狱，从此绝望仕途，纵情山水，广游交友，以诗文书画终其一生。世有“江南第一风流才子”之称。在吴门四家中，他的画路最宽，艺术修养最为全面，造型笔墨技巧最高，诗词、书法、人物画、山水画、花鸟画无一不精。他所作《品茶图》，奇峰叠嶂，山涧一飞泉直泻，山下林中茅屋内，一童子蹲在炉边扇火煮茶，一长者悠闲地坐在一旁品茶。画上自题七言诗一首：“买得青山只种茶，峰前峰后摘春芽。烹煎正得前人法，蟹眼松风候自嘉。”诗中“蟹眼”指烹茶近沸时冲起的细小气泡，“松风”形容烹茶水沸时的水涨之声。唐寅自“金榜题名”的美梦破灭后，煊赫一时的“少解元”尝尽了世态炎凉，浪迹名山大川，追求以青山为依，以香茗为伴，自己种茶、制茶、饮茶的隐逸生活。

五、清·王树穀《四友图》

王树穀（公元1649—？年），字原丰，号无我，又号鹿公，晚号粟园叟，杭州人。人物笔法出自陈洪绶，人物衣纹秀劲清丽，设色古雅，一时间画人物者争相效仿。所作《四友图》（故宫博物院藏）描绘文人品茶吟诗作画的情景。四位头戴官帽，身着官服的文人，围坐在一大榻旁，其中一人，一手托腮，一手执笔于砚上舔墨，榻上书卷已展，似在冥思苦想诗中佳句；另一站立者正与一展卷者交耳，窃窃私语。一美髯长者坐于榻上方，一手执书卷，一手呼童子上茶。榻旁，一侍童正提壶向杯中注茶，一旁矮桌上放置一茶炉，炉上有一带梁的茶壶，一童子正在炉边煽火煮茶，桌上还放有木瓢、汲水茶罐等物。观其图中四位人物的长相、衣着，像是一老者出题，让三位后生吟诗作赋以对状。又像四人正在进行诗画笔会，一站立者似诗赋刚作完，卷轴握于背后，并相告于另一人，长者桌前的砚台已盖合，诗罢收卷，正挥手呼童子上茶以品之，另一人手托腮下，也许因为其灵感不能来，故迟迟不得动笔，也许只有待喝茶后，才能诗如泉涌。文人品茶吟诗作画的情景被画家描绘得栩栩如生。

六、近代·吴昌硕《花开茶熟图》和《品茗图》

吴昌硕（公元1844—1927年），原名俊，字昌硕，浙江安吉人。他擅长诗、书、画、篆刻，30多岁才开始学画，将书法的行笔、章法、体势及篆刻的运刀融入绘画中，形成具有金石味的独特画风。他曾自述：“我平生得力之处在于能以书法作画。”吴昌硕一生爱梅、嗜茶、嗜壶，创作了多幅梅花茶具题材的作品，如《花开茶熟图》，几枝梅花纵横恣肆，枝头几点红梅，枝下一把提梁泥壶，一个带把茶杯，构图极其简单，然而笔力却深厚老辣。其上有题画诗一首："折梅风雪润衣裳，茶熟冯谁火候商；莫怪频年诗难作，冷清清地不胜忙。"《品茗图》（见彩图 13）亦描绘梅花和茶壶，题画诗："梅梢春雪活火煎，山中人今仙乎仙。"在古人看来，雪洁白晶莹，纯净且从天而降，因而备受茶人的喜爱。清人袁枚有诗"就地取天泉，扫雪煮碧茶"，白居易有"融雪煎香茗"句，辛弃疾有"细写茶经煮香雪"词。这些表达了古人用雪水煮香茗的快乐。同时，在古人眼里，寂寞而漫长的寒冬，只有梅花早开为他们打开心扉，报告春的消息。因而，古人常以梅兄称梅花。"遥怜花可可，梦依相思血，都沁绿筠枝"（姜夔），可见红梅在古人眼里象征着刻骨铭心的思恋。"一枝折得，人间天上，没个人堪寄"（李清照），吴昌硕多画梅花、茶壶，孤独、怀念故人的情感尽在其笔下的红梅、茶具中，也许正因为有这茶友、梅兄、壶弟为伴，画家才能攀上艺术巅峰。

七、唐·怀素《苦笋帖》

现存最早的记述茶事的佛门手札是唐代怀素的《苦笋帖》。怀素（公元 725—785 年），唐代名僧，法名藏真，俗姓钱。该帖虽仅寥寥十几个字："苦笋及茗异常佳，乃可径来。怀素上。"但在怀素存世的书法作品中，却是相当著名的一件作品。

《苦笋帖》（见彩图 14）的书法笔势俊健，穷极变化，行笔迅稳，一气呵成，其字忽大忽小，其笔忽轻忽重，其笔意忽断忽连，豪放中透出清秀之气，在线条柔美飞动跳跃之中，又现出力可扛鼎之笔（帖中"乃""及"二字中的撇笔最为有力）。在欣赏《苦笋帖》时，我们能得到一种如观绘画、如观公孙大娘舞西河剑般的韵律美感。《苦笋帖》让我们有幸目睹了中国书法史上草书大家的豪放风采，同时其尺牍内容又表明了大书法家爱茶的雅趣，并成为研究怀素和研究怀素与茶的重要而可靠的资料。

八、明末清初·朱耷《致方士琯尺牍》

朱耷（公元 1626—1705 年），有雪个、个山、人屋、八大山人等别号，明宁王朱权的后裔。顺治二年（公元 1645 年）清军进入南昌，为了避免灾祸离开南昌，顺治五年（公元 1648 年）出家为僧，后又弃僧为道，浪迹四方，靠卖书画终其一生。

八大书法，早年师唐人之法兼收隋碑笔意，法度严谨，字形端方，挺劲而束腰，其扎实的功底奠定了日后成就的基础。后师董其昌，在书法艺术理论上亦深受董其昌的影响，心慕手追已达到了形神皆备之境，后又寻求宋人书意，法黄山谷（庭坚）、米芾书风几可乱真。从其存世作品中可看到，八大遍临历代名家书法，而其中得益最多的当是钟繇的小楷和王羲之的行草。八大书法风格真正形成并独具个性是在 60 岁以后，70 岁以后书风则进入了成熟境界。

根据《致方士琯尺牍》的用笔特点、题款写法可知，该尺牍为八大山人 70 岁以后所作。《致方士琯尺牍》是《八大山人致方士琯尺牍》十三通之中的一通，现藏故宫博物院。信中曰："乳茶云可却暑，少佐茗碗，来日为敝寓试新之日也，至于八日，万不敢爽，西翁先生，八大山人顿首。稚老均此。"这里提到的西翁先生即方士琯。"乳茶"指嫩茶、新茶。此信不长，大意为：八大邀请西翁先生到家里来品尝新茶，还特说明会在茶里放一些佐料，这或许是八大、西翁一贯喜好的饮法。八大还告诉西翁先生，原定八号相约之日，他不会失约。

在有关八大山人的史料记载和研究中，很多资料描绘他"裂其浮屠服而焚之"，"独身徜徉于肆间，曳长领袍，履穿踵决拂抽翩跹行"，"伏地呜咽"，"仰天大笑蹴踘跳跃，鼓腹高歌混舞于市"，以及嗜酒、喑哑等放荡不羁的行为和疯癫的形象，少有对八大好茶风雅、闲静之举的记载。然而八大能诗文、精绘事、工篆刻、善书法，其艺术作品均表现了其极高的艺术天赋。这通尺牍作为历史见证，再现了八大山人嗜好品茗、以茶相约、以茶会友的古代文人闲适风雅的真实面目。

《致方士琯尺牍》篇幅短小，语言含蓄，读来令人感到蕴藉隽永，回味无穷。其行书字体快速流畅、刚劲，转折圆润，字形大小不一，行列长短不齐，构成一个错落有致、高低参差的整体，确是尺牍纸短情更深、翰墨飞扬意更深的一件书法与茶文化相契合的佳作。

第五节　茶联集萃

对联又称为楹联，是我国特有的民族传统文化，是汉语言文学艺术中一种为社会各阶层人士都喜闻乐见的表现形式。在我国古代，"吟诗作对"是文人士大夫的基本功。相传楹联始于五代，后蜀主孟昶在春节时于大门的桃符上题词，用于祝福避邪，以后发展为春联，由春联又带动了其他种种楹联体裁的出现和发展。茶联是楹联百花园中一棵香艳双绝的奇葩。在我国，凡是以茶联谊的场所都常能见到一些文采风流、涵义隽永、启人心智的茶联。本节撷取《中国茶道》（林治编著）一书中的65幅脍炙人口的茶联，供学习者赏析。

一、茶楼、茶亭中的名联

1. 浙江杭州茶人之家的名联

其一：一杯春露暂留客；
两腋清风几欲仙。

这是清代文人郑清之创作的茶联，今挂在杭州茶人之家正门的门柱上。此联开门见山地表明了这里的主人以茶会友的诚挚之情，同时，从卢仝的《茶歌》中化出了“两腋清风几欲仙”的下联，生动地描述了茶人们品茶后心旷神怡、飘然欲仙的绝妙感受，使每一个茶友一到“茶人之家”的大门口，便可感受到温馨的气氛并引起无限美妙的遐想。

其二：得与天下同其乐；
不可一日无此君。

这幅佚名茶联，虽然全联没有一个“茶”字，但是它写出了茶人对茶的酷爱之情，使人读后产生“无茶胜有茶”之感。

2. 广州著名茶楼“陶陶居”茶联

陶潜善饮，易牙善烹，饮烹有度；
陶侃惜分，夏禹惜寸，分寸无遗。

这是一副“嵌头联”，作者巧妙地将“陶陶居”招牌的陶陶两个字，分别嵌入了上下联的头一个字。同时茶联中列举了4个名人，引用了4个典故，不仅读起来流畅自然，而且能恰如其分地反映出茶楼的经营特色，所以此联一出，便引来众多文人茶客，使“陶陶居”的生意由清淡变为红火。

3. 四川成都“望江楼”的茶联

花笺茗碗香千载；
云影波光活一楼。

此联的上联“花笺茗碗香千载”与苏东坡的“上茶妙墨俱香”有异曲同工之妙。下联的一个“活”字可与“春风又绿江南岸”的“绿”字媲美。“云影波光活一楼”，着实令人拍案叫绝。

4. 江苏省镇江京江第一楼茶联

酒后高歌，听一曲铁板铜琶，唱大江东去；
茶边话旧，看几番星轺露冕，从淮海南来。

上联中的铁板铜琶，典出于宋代俞文豹《吹剑续录》，原意在赞誉苏东坡学士的豪迈词风，在此联中用来表示该茶楼格调高雅，不同凡响。下联中的“星轺”是古代帝王使者们乘的车，露冕是指达官显贵的冠盖，意为来客皆身份非凡之人。

5. 杭州西湖藕香居茶楼茶联

藕叶藕花围曲槛，
想当年苏小也向个中来，
这绿水光中可余鬓影；
香风香雾拍重堤，
问此日放翁竟往何处去，
那红霞片里应有诗魂。

上联的“曲槛”即西湖十景之一的“曲院风荷”。苏小即苏小小，是南朝时钱塘名妓，才貌双绝，葬于西湖，墓前有一联曰：“千载芳名留古迹，六朝韵事著西泠”，故作者想象在曲槛绿水中仍存佳人鬓影。

下联的“重堤”是指西湖的苏堤、白堤。“放翁”即宋代爱国大诗人陆游，所以作者发出“红霞片里应有诗魂”的感慨。

6. 浙江省嘉兴品芳茶园的茶联

楼上一层，看塔院朝暾，湖天夜月；
客来两地，话武林山水，泸渎莺花。

品芳茶园在嘉兴南湖畔，上联点出南湖月夜清辉满湖“浮光跃金，静影沉璧”的优美景色。下联的“武林山水”是杭州山水之别称，表明了“客来两地”的话题。

7. 四川潜江竹仙寺茶楼的茶联

品泉茶三口白水；
竹仙寺两个山人。

这副拆字联，极尽汉字之巧妙。“品”是三口，泉是白水，故上联为“品泉茶三口白水”。竹是两“个”，仙是山加单人旁，故下联为“竹仙寺两个山人”。下联不仅写出了茶楼的名称，而且讲明了寺的性质，读来真是妙趣横生。

8. 湖北汉口天一茶园的茶联

天然图画；
一曲阳春。

这是一副简洁而内涵丰富，极耐品味的嵌头联。上下联的头一个字“天一”构成茶楼的名称。上联“天然图画”，极赞环境景色之美。下联“一曲阳春”，表明茶楼格调之高。寥寥八个字，字字珠玑，恰似一曲“阳春白雪”，韵高而醉人。

9. 湖南水州东门茶亭的茶联

世路少闲人，春帐萍飘，夏惊瓜熟，秋归客燕，冬赏宾鸿。慨仆仆长征，只赢得栉风沐雨，几经历红桥野店，紫塞边关，名利注心头，到处每从忙里过；

郊原无限景，西流湘浦，南峙嵛峰，东卧金牛，北停石马。奈茫茫无际，都付诸远水遥山，止收拾翠竹香茗，缘天息影，图画撑眼底，劝君曷向憩中看？

这是一副难得的长茶联，上联写春夏秋冬四季的感受，下联写在东西南北的美景，对仗工整，寓意深刻，情景交融，读来朗朗上口，让人感慨万千。

10. 广东梅岭菱角凹茶亭中的茶联

世间重担实难挑，菱角凹中也好息肩坐凳；

天下长途不易走，梅花岭上何妨歇脚品茶。

该联通俗易懂。但俗中寓有深意，讲透了人生的艰辛。

11. 河南省洛阳古道一茶亭的茶联

四大皆空，坐片刻，不分你我；

两头是路，吃一盏，各奔东西。

该联也通俗易懂，但通俗中隐含着佛理禅机。

12. 安徽怀远县白乳泉“望淮楼”茶联

片帆从天外飞来，劈开两岸青山，好趁长风冲巨浪；

乱石自云中错落，酿得一瓯白乳，合邀明月饮高楼。

“白乳泉”清洌甘甜，苏东坡评为“天下第七泉”，此联的上联从李白的诗《行路难》中的名句“长风破浪会有时，直挂云帆济沧海”演化而出，意境壮阔，气势非凡；下联从李白的《月下独酌》中的“举杯邀明月，对影成三人”演化而出，意境朦胧，气韵幽闲。此联的上下联对仗工整，相映成趣，读来让人觉得江山壮丽人潇洒，豪情雅兴俱由心底而生。

13. 北京静心斋焙茗坞茶联

岩泉澄碧生秋色；

林树萧森带曙霞。

静心斋原名镜清斋，建于清乾隆二十二年（公元1757年），又名乾隆小花园，是乾隆皇帝经常品茶的地方。从此联可见，乾隆对茶道的理解已达到极高的境界。该联全无一个茶字，但营造了一个极幽雅的品茗意境，虽地处深宫，但大有林下之风，全联透着雅意，飘着茶香。

14. 台湾省嘉义市江南村庭园茶艺中心的茶联

一壶茗茶道禅味；

半榻茶烟养性灵。

该联阐明了“茶禅一味”的道理，并表明了在令人多烦恼的世间以茶修身养性的意愿。

15. 台湾省台南市逸茗轩茶艺中心茶联

怀诗书自得清逸；

远尘俗当品佳茗。

此联虽直白了当，但既言志，又言情，且把店名嵌在了联尾，亦不失为一佳联。

16. 武夷山市红袍茗品有限公司的茶联

雨过琴书润；

风来茶墨香。

武夷山市红袍茗品有限公司是以弘扬茶文化为主业的公司，下属的茶艺馆均格调高雅，茶艺精湛，被行家誉为“道心文趣兼备，奇茶妙墨俱香”的品茗胜地。武夷山的青年书法家、全国竹刻金奖获得者张栋华先生特书此联相赠。

17. 四川青城山常道观“天师洞”的茶联

云带钟声采茶去；

月移塔影啜茗来。

此联意境清幽，充盈着仙风道气。

18. 长沙白沙井茶联

常德德山山有德；

长沙沙水水无沙。

“白沙井”的井水甘洌，烹茶味醇，被誉为“长沙第一井”，毛泽东《水调歌头》一词中所写的“才饮长沙水，又食武昌鱼”，其中的长沙水即指白沙井的井水。此联上下联皆用顶针连珠格，对仗工整，妙语连珠，读起来朗朗上口，足见作者匠心独具，文学功底深厚。

19. 四川峨嵋山茶联

泉声茶韵，领略几许禅机，过去未来现在；

月色竹影，普示无边圆觉，碧莲白象青狮。

此联中的禅机是指佛法哲理。圆觉，即圆通妙觉的简略语，是指彻底领悟了佛法，取得了无上的智慧。碧莲、白象、青狮分别代表释迦牟尼、普贤菩萨和文殊菩萨。因为释迦牟尼常坐在莲台上，普贤骑白象，文殊骑青狮。

二、名人名联

1. 琴里知闻唯渌水；

茶中故旧是蒙山。

——唐・白居易

此联摘自白居易《琴茶》一诗中的名句。《渌水》是古琴曲名。诗人有《听弹古渌水》诗云："闻君古渌水，使我心和平。欲积漫流意，为听疏泛声。西窗竹阴下，竟日有余情。""蒙山"是指产于四川剑南的蒙山茶。早在唐代"蒙顶石花"就是名茶。

2. 茶爽添诗句；

天清莹道心。

——唐・司空图

司空图（公元 837—908 年）字表圣，河中虞乡人，33 岁登进士第，官至中书舍人，后归隐中条山王官谷。该联反映了司空图的避世观，有澄淡精致之美。

3. 入座半瓯轻泛绿；

开缄数片浅含黄。

——唐・郑谷

此联摘自郑谷的诗《峡中尝茶》。"轻泛绿"，"浅含黄"六个字，清新典雅，是咏茶的传神妙笔。

4. 独携天上小团月；

来试人间第二泉。

——宋・苏轼

此联摘自苏轼的《惠山谒钱道人烹小龙团登绝顶望太湖》一诗。"小团月"是指小龙团茶，这是当时的贡茶。"第二泉"是指惠山泉。此联生动地表现出了苏东坡爱茶之情，以及他不畏劳苦寻访名泉的飘逸英姿，历来被誉为咏茶或咏泉的妙联。

5. 茶笋尽禅味；

松杉真法音。

——宋・苏轼

此联摘自苏东坡在宋元嵎四年（公元 1089 年）出任杭州知府不久在知果院一次法会上所写的一首诗。上联写他对"茶禅一味"的感受。下联写风吹寺院内松杉的声音与寺内的诵经声相应和，整个太空似乎都充满着佛法的声音。

6. 欲把西湖比西子；

从来佳茗似佳人。

——宋·苏轼

此联的上联摘自苏东坡的《饮湖上初晴后雨》，下联摘自他的另一首诗《次韵曹辅寄壑源试焙新茶》。上下联虽不是出自同一首诗，但却对仗工整，平仄合律，珠联璧合，韵味无穷。

7. 摘带岳华蒸晓露；

碾和松粉煮春泉。

——唐·齐己

此联摘自齐己的《闻道林诸友尝茶因有寄》一诗，从联中可见齐己是个精晓品茶妙谛的茶人，该联语出自然，意境幽深，读来如品佳茗。

8. 阳羡春茶瑶草碧；

兰陵美酒郁金香。

——唐·钱起 李白

此联的上联出自钱起的诗，下联出自李白的诗，上下联虽出自两位大诗人，但全无拼凑的痕迹，读来妙趣天成，不失为千古佳作。

9. 寒夜客来茶当酒；

竹炉汤沸火初红。

——宋·杜小山

10. 静院春风传浴鼓；

画廊晚雨湿茶烟。

——宋·陆游

11. 秀翠名湖，游目频来过溪处；

腴含古井，怡情正及采茶时。

——清·乾隆

12. 汲来江水烹新茗；

买尽青山当画屏。

——清·郑燮

郑燮（公元 1693—1765 年）字克柔，号板桥，江苏兴化人。康熙时中秀才，雍正时中举人，乾隆时中进士，曾任山东潍县知县，因为为人正直，为官清廉，关心百姓疾苦而忤豪绅，辞官卖画于扬州，被列入扬州八怪之一。他诗词书画皆精，传世的茶联数量之多为名人之冠。

13. 扫来竹叶烹茶叶；

劈碎松根煮菜根。

——清·郑燮

14. 白菜青盐粯子饭；
瓦壶天水菊花茶。
——**清·郑燮**

15. 墨兰数枝宣德纸；
苦茗一杯成化窑。
——**清·郑燮**

16. 山光朴面因潮雨；
江水回头为晚潮。
——**清·郑燮**

17. 雷文古鼎七八个；
日铸新茶三两瓯。
——**清·郑燮**

18. 从来名士能评水；
自古高僧爱斗茶。
——**清·郑燮**

19. 楚尾吴头，一片青山入座；
淮南江北，半潭秋水烹茶。
——**清·郑燮**

20. 洗砚鱼吞墨；
烹茶鹤避烟。
——**清·郑燮**

21. 烟中茶语窗前月；
瓶里梅花谷外莺。
——**清·曹秀先（礼部尚书）**

22. 宝鼎茶闲烟尚绿；
幽窗棋罢指犹凉。
——**清·曹雪芹**

23. 烹茶冰渐沸；
煮酒叶难烧。
——**清·曹雪芹**

以上两联均摘自《红楼梦》。曹雪芹在《红楼梦》中言及茶事的地方多达260余处，难怪有人说："一部《红楼梦》，满纸茶叶香。"曹雪芹堪称茶的千古知音。他写的这两幅茶联清丽脱俗。第一联是贾宝玉为"潇湘馆"撰写的，该联惟妙惟肖地刻画出了潇湘妃子林黛玉孤傲芳洁的个性和闲情逸致的生活情调。第二联是芦雪庵中宝琴与湘云的即景对联。为了烹出好茶，她们把冰都已烧沸，而温酒的火却懒得去烧，足见《红楼梦》中的佳丽们对茶的偏爱。

24. 若能杯酒比名淡；
应信村茶比酒香。
——清·袁枚（美食家、文学家）

25. 竹雨松风琴韵；
茶烟梧月书声。
——清·傅山（书法家）

26. 拣茶为款同心友；
筑室因藏善本书。
——清·张廷济（金石家）

27. 采英于山著经于羽；
聊莜烈芳涤清神宇。
——清·金农（扬州八怪之一）

28. 溪上茗茶因客煮；
海南沉屑为书薰。
——清·伊秉绶（书法家）

29. 墨池烟润花间露；
茗鼎香浮竹外云。
——清·郭尚先（诗人）

30. 肯让湖州夸紫笋；
愿同双井斗红纱。
——当代·郭沫若

31. 赏心悦目诗书画；
煮泉品茗色味香。
——当代·陈立夫

32. 美酒千杯难成知己；
清茶一盏也能醉人。
——当代·方毅

三、佚名名联

除了名人名联之外，还有很多茶联已不知作者是何人，但同样是传世佳作。

1. 只缘清香成清趣；

全因浓酽有浓情。

2. 为爱清香频入座；

欣同知己细谈心。

3. 茗外风清移月影；

壶边夜静听松涛。

4. 诗写梅花月；

茶煎谷雨春。

5. 窗外看山风生七碗；

楼头近水春满一壶。

6. 茶亦醉人何必酒；

书能香我不须花。

7. 松涛烹雪醒诗梦；

竹院香浮荡文思。

8. 山径摘花春酿酒；

竹窗留月夜品茶。

9. 茶事是事，事到无心皆可乐；

茗品须品，人非有品不能闲。

四、趣联趣事

在我国，还有一些茶联，不仅联文精妙，寓意深远，而且有着动人的故事。

1. 为名忙，为利忙，忙里偷闲，且吃七碗茶去；

劳心苦，劳力苦，苦中寻乐，再拿一壶酒来。

相传解放前广州有一著名的茶楼，茶楼的老板既有文化又善经营。他为了招徕客人，显示文才，在茶楼的大门口挂出一副上联："为名忙，为利忙，忙里偷闲，且吃七碗茶去。"并重金求对。闻讯而来的文人茶客很多，都想不出妙对。有一天，来了一个茶客看了上联后点头微笑，却凝思不语。茶老板看他衣着破旧，有欠风雅，即语含讥讽地说："客官沉思熟虑，想必定有妙句，何不挥毫赐教？"那位茶客毫不客气地说："既然老板错爱，请赐笔墨一用。"笔墨自然是早已备好了的，客人接过伙计递上的毛笔，在铺好的宣纸上龙飞凤舞，写出了下联："劳心苦，劳力苦，苦中寻乐，再拿一壶酒来。"老板和围观的人看后都连伸拇指，拍手叫好。从此，该茶楼的生意更加红火，老板和这位茶客成了挚友，常在一起品茗谈诗论文，传为佳话。

2. 坐，请坐，请上坐；

茶，敬茶，敬香茶。

民间传说苏东坡初到杭州为官时，常去游历名寺古刹。有一次，他到了一个大寺院，该寺院的住持见过很多达官显贵、富豪乡绅。看苏东坡衣不出众，貌不惊人，便没放在眼里，只是淡淡地招呼一句："坐。"并对侍者说："茶。"经过一番交谈，住持觉得来客谈吐不凡，不由得肃然起敬，改口说："请坐。"又吩咐侍者"敬茶。"当后来得知来客竟是文坛巨匠、新任太守、大名鼎鼎的苏东坡时，住持赶紧满脸堆笑，恭恭敬敬地说："请上坐。"并连呼侍者："敬香茶。"茶毕，住持向苏东坡求赐墨宝。苏东坡不假思索，一挥而就，写出此联，住持看后顿时涨红了脸，感到尴尬万分。从此，"茶与坐"之联，成了人们对看人行事的势利小人的辛辣讽刺。

3. 一杯清茶，解解解元之渴；

七弦妙曲，乐乐乐师之心。

相传这副联语是明朝文坛才子解缙与一皓首乐师所作。解缙（公元1369—1415年）字大绅，号春雨，江西吉安人，明太祖洪武间进士，曾任御史、翰林学士。

解缙是少有的奇才，在乡试时得了第一名，中了"解元"。有一次解缙去游山，在一处风景绝佳的地方，看到有一草庐，从草庐中传出悦耳的琴声，解缙一听，知是古曲《高山流水》，想是遇到了世外高人，于是他就走进草庐去拜望琴师。在谈话中，解缙了解到乐师姓乐，本是朝廷乐师，因愤世嫉俗而隐居于此。乐乐师也了解到解缙是新科"解元"，于是有意考一考他。乐乐师给解缙一杯茶，并出了上联："一杯清茶，解解解元之渴。"

其中的第一个解读 jiě，是解渴；第二个解读 xiè，是姓氏；第三个解读 jiè，"解元"是明清时期乡试的第一名。这上联即情即景，出得既贴切，又刁钻古怪，相当难对，但解缙略一思考，很快就对出了下联："七弦妙曲，乐乐乐师之心"。联中的"七弦"是指乐师用的古琴，第一个乐读 lè，是快乐之意；第二个乐读 yuè，是姓氏；第三个乐读 yuè，是乐师之乐。该联的上下联都用了三个叠字并极尽中国汉语一字多音、一字多义的特点，读来妙趣横生，堪称茶联中一绝。

4. 趣言能适意；

茶品可清心。

这是一个回文茶联。顺着读的意思是有趣的言谈能让人感到心情舒畅，好的茶可以使人神清气爽。倒过来读，联的语意焕然一新，成为

“心清可品茶；意适能言趣。”意思为：心神清静的时候，最能品出茶的韵味，人心情舒畅的时候最能说出有趣的言语。回文茶联正读倒读都通顺，很受世人的喜爱。

5. 龙井雨花湘波绿；

黄芽水仙瑞草魁。

这是一副笔者用《中国茶经》中的6种名茶组成的茶名趣联。上联中的“龙井”是家喻户晓的传统名茶。“雨花”茶产于南京，创制于1958年，1961年以来曾先后数次被列为全国名茶。“湘波绿”是湖南省茶叶研究所1961年创制的名茶。下联中的“黄芽”属于黄茶类，最著名的有蒙顶黄芽和霍山黄芽。蒙顶产茶已有2 000多年的历史，自唐代起蒙顶黄芽就是贡茶之一。霍山黄芽产于大别山腹地，早在唐代黄芽即是极品名茶之一。“水仙”是乌龙茶中的当家品种，曾获巴拿马赛会一等奖。“瑞草魁”产于古宣城县（今属宣州市），早在唐代，诗人杜牧就有诗赞曰：“山实东吴秀，茶称瑞草魁”，自唐以后是历代贡茶之一。以茶名组成茶联清新自然，既妙趣天成，读后还能使人增长茶学知识，不失为咏茶趣联。

我们祖先创造的语言奇妙无比，我们在品茗时若能有佳联添趣，品茶吟联，品联啜茶，副副茶联，幽幽茶韵，茶汤涤荡净我们的五脏六腑，茶香和墨韵共同熏陶着我们，我们的心一定会随着茶烟而升华，我们对人生真谛的感悟一定会更真切。茶联是我国民族传统文化的一大优秀遗产。好的茶联是茶人的良师益友，是我们品茗的佳侣。

练习题

1. 默写卢仝《走笔谢孟谏议寄新茶》一诗中“一碗至七碗”诗句，并简要分析其艺术特点。

2. 默写皎然《饮茶歌·诮崔石使君》一诗中“一饮至三饮”诗句，并简要分析其艺术特点。

3. 黄庭坚《品令·咏茶》下半阙是如何描写品茗感受的？

4. 范仲淹《和章岷从事斗茶歌》是如何描述当时斗茶情景的？

5. 为什么称苏东坡的《叶嘉传》为“千古奇文”？

6. 张岱《闵老子茶》的艺术特点是什么？

基础知识模拟测试（二）

（一）填空题（请将正确的答案填在横线空白处；每题2分，共20分）

1. 广义的茶文化是指整个茶叶发展历程中＿＿＿＿＿＿的总和。

2. 茶文化的精神层面是把茶的天然特征和社会特征，升华为一种＿＿＿＿＿＿，把茶事活动上升到＿＿＿＿＿＿。

3. 唐代是茶文化＿＿＿＿＿＿时期。

4. 以＿＿＿＿＿＿为界的现代茶文化，与古代茶文化相比，更具时代特色。

5. 中国茶道是以饮茶为契机的＿＿＿＿＿＿体系。

6. 茶道以＿＿＿＿＿＿为最高境界。

7. 陆羽在《茶经》中提出的理想人格是＿＿＿＿＿＿。

8. 东晋杜育的《荈赋》是一幅生动的＿＿＿＿＿＿。

9. 《走笔谢孟谏议寄新茶》一诗的作者是＿＿＿＿＿＿。

10. 宋代黄庭坚《品令·咏茶》词最后的一句为“口不能言，＿＿＿＿＿＿”。

（二）判断题（下列判断正确的请打“√”，错误的请打“×”；每题2分，共20分）

1. 茶文化结构有物质文化、制度文化、精神文化3个层面。 （ ）

2. 魏晋南北朝时，茶饮方式已开始进入烹煮饮用阶段。 （ ）

3. 宋代“斗茶”与“分茶”基本上是相同的。 （ ）

4. 新中国成立后，茶文化进入再现辉煌时期。 （ ）

5. 中国茶道融通儒、释、道的思想精华。 （ ）

6. “以茶可雅志，以茶可行道”之句出自唐代陆羽的《茶经》。 （ ）

7. 在亚洲茶文化圈，许多国家和地区的茶俗浸润着中国茶道精神。 （ ）

8. 东晋杜育作的《荈赋》，是我们现在所能见到的最早的专门吟咏茶事的赋。 （ ）

9. 《煮茶梦记》的作者是元代杨维桢。 （ ）

10. 文征明是明代写茶诗最多的一位诗人。 （ ）

（三）单项选择题（下列每题有 3 个选项，其中只有一个是正确的，请将其代号填在横线空白处；每题 3 分，共 30 分）

1. 茶文化的制度层，包括有关＿＿＿＿＿＿等方面。

A. 茶的法律、法令　　B. 茶的法规、礼俗

C. 茶的仪式、风俗

2. 陆羽《茶经》是我国第一部系统总结＿＿＿＿＿＿有关茶事的综合性茶叶专著。

A. 唐代及唐代以前　　B. 唐代的各个时期

C. 魏晋南北朝前后

3. 宋代，随着＿＿＿＿＿＿的发展和繁荣，茶馆、茶楼也迅速发展和繁荣。

A. 农村经济　　B. 城市经济　　C. 茶文化

4. 被称为紫砂壶真正意义上的鼻祖、第一位制壶大师是＿＿＿＿＿＿。

A. 宋代苏东坡　　B. 明代龚（供）春　　C. 明代时大彬

5. 中国茶道是中国＿＿＿＿＿＿产生的综合性文化，带有东方农业民族的生活气息和艺术追求。

A. 特定时代　　B. 远古时代　　C. 唐宋以后

6. “茶道自然”中的“自然”作为一个完整的概念最早出自＿＿＿＿＿＿。

A. 老子　　B. 孔子　　C. 孟子

7. 中国茶道“四谛”为“＿＿＿＿＿＿”。

A. 精、行、俭、德　　B. 廉、美、和、敬

C. 和、静、怡、真

8. 中国茶文化内涵博大精深，涵盖了文学、艺术等艺术形态的大多领域，是中华文明一份积淀深厚、千古流传的＿＿＿＿＿＿和智慧结晶。

A. 物质文化遗产　　B. 精神文化遗产　　C. 古老文化遗产

9. 在茶诗中最早在诗中写“茶道”一词的是＿＿＿＿＿＿。

A. 东晋杜育　　B. 唐代卢仝　　C. 唐代皎然

10. 在《叶嘉传》里，苏东坡以＿＿＿＿＿＿的独特手法，把茶拟人化，叙述了茶的历史和德行。

A. 滑稽有趣　　B. 缥缈美妙　　C. 绘声绘色

（四）简答题（每题 5 分，共 30 分）

1. 茶文化有哪些基本特征和特点？

2. 为什么说陆羽《茶经》的问世是中国茶文化正式形成的重要标志？

3. 中国茶道的基本含义是什么？

4. “茶禅一味”意指什么？

5. 默写卢仝《走笔谢孟谏议寄新茶》一诗中“一碗至七碗”诗句并简要分析其艺术特点。

6. 为什么称苏东坡的《叶嘉传》为“千古奇文”？

基础知识模拟测试（三）

（一）填空题（请将正确的答案填在横线空白处；每题 2 分，共 20 分）

1. 狭义的茶文化即茶在被应用过程中所产生的________现象。

2. 茶文化事象一出现，就是作为一种________的精神力量与两晋的________相对抗的。

3. 宋代创制的“龙凤茶”，把我国古代________的制作工艺推向一个历史高峰。

4. 茶馆是以________为目的，供人饮茶的场所。

5. 中国茶道源自远古的________。

6. 陆羽在《茶经》中通过“伊公羹、陆氏茶”来________。

7. 追本溯源，日本茶道源自宋代的________。

8. 《喜园中茶生》一诗的作者是________。

9. 宋代范仲淹专门描述当时斗茶情景的诗题为________。

10. 宋代苏东坡用拟人的笔法写了一篇千古奇文________。

（二）判断题（下列判断正确的请打“√”，错误的请打“×”；每题 2 分，共 20 分）

1. 茶文化是指整个茶叶发展历程中精神财富的总和。（　）

2. 各民族多姿多彩的茶俗是茶文化民族性特征的体现。（　）

3. 明清两代是中国茶文化发展史上又一个高峰期。（　）

4. 现代茶文化在广度和深度、高度和精度上出现了又一个新高潮。（　）

5. 当代庄晚芳教授提出的中国茶德“四字守则”为“理、敬、清、融”。（　）

6. 中国茶外传从古至今都是中国向外国的一脉相传。（　）

7. 日本茶道的组织形式是“家元制度”。（　）

8. “三饮便得道，何须苦心破烦恼”句出自卢仝《走笔谢孟谏议寄新茶》。（　）

9. 《煮茶梦记》一文的作者是元代杨维桢。（　）

10. 有关描绘茶事、煮茶、品茶、茶具等内容的书法、绘画统称为

茶书画艺术作品。 （ ）

（三）单项选择题（下列每题有3个选项，其中只有一个是正确的，请将其代号填在横线空白处；每题3分，共30分）

1. 茶从自然物质进入文化系统，是从它被当作饮料发现它对________有积极作用开始的。

   A. 健康　B. 养生　C. 精神

2. 陆羽《茶经》基本勾画出茶文化的轮廓，是茶文化__________的重要标志。

   A. 开始形成　B. 成熟兴盛　C. 正式形成

3. 历史上正式以国家法令形式废除团饼茶的是__________。

   A. 唐玄宗李隆基　B. 明太祖朱元璋

   C. 清高宗乾隆

4. 现代世界茶文化，特别是__________的发展也已进入到新的发展时期。

   A. 中国茶文化　B. 日本茶文化

   C. 东方茶文化

5. 茶道与茶文化的关系是__________。

   A. 并列关系　B. 从属关系　C. 分列关系

6. 茶与禅的碰撞点，最早发生于茶的__________中。

   A. 食用功能　B. 药用功能　C. 饮料功能

7. __________是日本茶道的雏形。

   A. 宫廷茶会　B. 寺庙茶会　C. 唐式茶会

8. 在东晋杜育《荈赋》中，呈现出相当完整的__________诸要素。

   A. 品茗艺术　B. 采茶技术　C. 煮茶方法

9. 宋代范仲淹《和章岷从事斗茶歌》，以__________的手法描绘了当时斗茶的情况。

   A. 拟人对比　B. 豪放奇崛　C. 生动形象

10. 在我国凡是__________的场所都常能见到一些文采风流、含义隽永、启人心智的茶联。

   A. 人群会聚　B. 以茶联谊　C. 茶馆酒肆

（四）简答题（每题5分，共30分）

1. 魏晋南北朝茶进入文化精神领域的主要表现有哪些？
2. 现代茶文化再现辉煌的主要表现有哪些方面？

3. “以茶可行道”的实质是什么？请简要叙述。

4. 作为中国茶道终极追求的“真”有哪些含义？

5. 默写唐代皎然《饮茶歌·诮崔石使君》一诗中“一饮至三饮”诗句并简要分析其艺术特点。

6. 明代张岱《闵老子茶》的艺术特点是什么？

基础知识模拟测试（二）答案

（一）填空题

1. 物质文明和精神文明　2. 精神象征　精神活动　3. 正式形成　4. 改革开放　5. 综合文化　6. “和”　7. 精行俭德　8. 茶山品茶图　9. 唐代卢仝　10. 心下快活自省

（二）判断题

1. √　2. √　3. ×　4. ×　5. √　6. ×　7. √　8. √　9. √　10. √

（三）单项选择题

1. B　2. A　3. B　4. B　5. A　6. A　7. C　8. B　9. C　10. A

（四）简答题

1. 答：茶文化的基本特征有 5 点，即社会性、广泛性、民族性、区域性和传承性。

茶文化的特点是 4 个结合，即物质与精神的结合，高雅与通俗的结合，功能与审美的结合，实用性与娱乐性的结合。

2. 答：《茶经》是我国第一部较全面介绍唐代及唐代以前有关茶事的综合性茶业专著，全书详细论述了茶叶的历史和现状，从茶的源流、产地、制作、品饮等方面，总结了包括茶的自然属性和社会功能在内的一整套知识，又创造了包括茶艺、茶道在内的一系列文化思想，基本上勾画出了茶文化的轮廓，是茶文化正式形成的重要标志。

3. 答：中国茶道是以饮茶过程中的思想和精神追求为内涵的，是以品茶约会的整套礼仪和个人修养的全面体现，是有关修身养性、学习礼仪和进行交际的综合文化活动与特有风俗，具有一定的时代性和民族性。

4. 答：“茶禅一味”一说意指禅味与茶味同是一种兴味，品茶成了参禅的前奏，参禅又成了品茶的目的，二位一体，水乳交融。这是佛门禅宗以茶悟道、以茶修心高超智慧的展示。

5. 答：卢仝“一碗至七碗”诗句为：“一碗喉吻润，二碗破孤闷。三碗搜枯肠，唯有文字五千卷。四碗发轻汗，平生不平事，尽向毛孔散。五碗肌骨清，六碗通仙灵。七碗吃不得也，唯觉两腋习习清风生。”这七碗茶的品茗感觉，依次为喉吻润、破孤闷、搜枯肠、发轻汗、肌骨清、通仙灵、两腋习习清风生，每饮完一碗，即开拓出一层极为愉悦的审美天地，层层递进，从口腹之欲升华到精神享受，从世俗红尘到幻想王国。

6. 答：苏东坡凭借生花妙笔，以滑稽有趣的独特手法，把茶拟人化，叙述了茶的历史和茶的德行，既描写了宋代人的饮茶方式和对茶的认识，又刻画了“叶嘉”淡雅清高的品德，也是苏东坡个人终生郁郁不得志的写照，所以说是千古奇文。

基础知识模拟测试（三）答案

（一）填空题

1. 文化和社会　2. 健康　高雅　奢侈之风　3. 蒸青团茶
4. 营业　5. 茶图腾　6. 以茶论道　7. 抹茶法
8. 唐代韦应物　9.《和章岷从事斗茶歌》
10.《叶嘉传》

（二）判断题

1.×　2.√　3.√　4.√　5.×　6.×　7.√　8.×　9.√　10.√

（三）单项选择题

1. C　2. C　3. B　4. C　5. B　6. B　7. C　8. A　9. C　10. B

（四）简答题

1. 答：首先，出现了以茶养廉示俭的一些事例，如陆纳以茶为素业、恒温以茶替代酒宴、南齐世祖武皇帝以茶示简等。其次，茶开始进入宗教领域，如当时人们认为饮茶可以养生、长寿，还能修仙，出现一些饮茶可以羽化成仙的故事和传说等。最后，茶开始成为文人赞颂、吟咏的对象，如杜育的《荈赋》等。

2. 答：(1) 茶艺交流蓬勃发展；
(2) 茶文化社团应运而生；
(3) 茶文化节和国际茶会不断举办；
(4) 茶文化书刊推陈出新；
(5) 茶文化教学研究机构相继建立。

3. 答："以茶可行道"，实质上就是指"中庸"之道，即以和谐、中庸的处世态度和方法，通过以茶利礼仁、表敬意、可雅志等途径实现儒家文化精神。

4. 答：有3种含义：

(1) 追求道之真，即追求对"道"的真切体悟，使自己的心能契合于大道，达到修身养性、品味人生的目的。

(2) 追求情之真，即茶人之间互见真心，体会品茶真趣。

(3) 追求性之真，即在品茶过程中真正放松自己，达到"守真、养真、全真"的目的。

5. 答：皎然"一饮至三饮"诗句为："一饮涤昏寐，情来朗爽满天地；二饮清我神，忽如飞雨洒轻尘；三饮便得道，何须苦心破烦恼。”这三句诗句和卢仝的“七碗茶诗”有异曲同工之妙，三碗相连，神韵贯通。

6. 答：《闵老子茶》全文，描写绘声绘色，真是一篇令人叫绝的小品文，这种既有实事，又有对话，更有情节的茶文献比较少见。从文章中可以看出，张岱品茶鉴水已经到了出神入化的地步，可以说是明代一流的品茶行家。

茶保健基础知识

第八单元　茶叶营养和药用成分

单元提要：茶不仅是生理意义上的，更是精神意义上的"绿色食品"。本单元依据生理和药理实验，对茶叶中的营养素和药理成分进行了具体的分析介绍，以大量的数据说明茶叶是防治疾病和保健强身的理想饮料。

茶叶的成分很复杂。饮茶有益于健康已是众所周知的事实，但这种作用并不能完全归因于某一化学成分或是某一类化合物，而是各种有效成分综合作用的结果。英国学者指出：茶的营养价值是因为它含有多种维生素和矿物质。它可供给人们核黄素、叶酸、胡萝卜素、生育酚及叶绿酚，并且是英国食品中氟化物的主要来源。茶中的咖啡碱与多酚类复合，使茶具有咖啡碱的一切药效且没有咖啡碱的副作用。茶多酚和维生素C同时使用对防治动脉粥样硬化和增强毛细血管功能均有良好的效果。这就表明茶叶有益健康是茶叶中各种成分综合作用的结果。

第一节　茶叶中的营养成分

茶叶是一种食品，但大部分人认为茶叶是一种饮料，可见，其营养作用还没有被世人充分认识。茶叶的成分很复杂，作为一种食品，除脂肪含量较低之外，茶叶含有大量的人体所需要的热能和一切营养素，如碳水化合物、蛋白质、维生素、矿物质和微量元素，具有很高的营养价值。但就某一种特定的茶叶来说，各种营养成分虽然基本相同，而含量却因时、因地、因级的不同而不相同。通常把碳水化合物、蛋白质和脂肪称为生热营养素，这是因为它们在体内代谢后可产生热能供肌体生命活动的需要。此外食物纤维也有很重要的保健作用。

一、热能

热能是维持机体代谢活动所必需的能量，它是由碳水合化物、蛋白质和脂肪这些生热营养素提供的。从有关资料来看，与其他食品相比，茶叶是一种低热能食物（表 8—1），但不同种类的茶叶所能提供的热能不一样。每 100 克茶叶提供热能以绿茶最高，达 1 255～1 464 千焦，红茶、花茶和乌龙茶均低于 1 255 千焦，砖茶最低。可见茶叶所含的热能与其品质和种类有关。一般来说，品质越好，热能越高；砖茶的热能最低，这是因作为原料的茶叶质量不高。目前，茶叶的使用仍以泡饮为主，绝大部分的营养物质被当作废物而丢弃。在国内外都有吃茶叶的报道，如湖南等地的居民有饮茶后将茶渣嚼食的习惯，日本人将茶叶按一定的比例加到食物中，这样可使茶叶的营养功能得到充分发挥。因此，在人类食品资源不太丰富的今天，综合利用茶叶有很广阔的前景。

表 8—1　　每 100 克茶叶中热能和生热营养素含量

茶叶种类和地区	热能（千焦）	蛋白质（克）	脂肪（克）	碳水化合物（克）	食物纤维（克）
红茶	1 230	26.7	1.1	44.4	14.8
花茶	1 176	27.1	1.2	40.4	17.7
绿茶	1 238	34.2	2.3	34.7	15.6
砖茶	862	14.5	4.0	27.9	38.8
北京红茶	1 230	27.6	0.9	43.8	14.8

续表

茶叶种类和地区	热能 （千焦）	蛋白质 （克）	脂肪 （克）	碳水化合物 （克）	食物纤维 （克）
福建福鼎红茶	1 180	26.9	0.8	41.8	15.0
浙江绍兴红茶	1 229	25.8	1.3	44.7	15.2
北京袋装花茶	1 163	24.9	1.5	41.1	19.0
北京散装花茶	1 188	29.0	1.6	38.4	18.3
北京花茶	1 188	26.5	1.3	41.5	17.3
甘肃临夏花茶	1 162	28.0	0.4	40.4	16.2
福州茉莉花茶	1 167	27.6	0.6	40.8	15.0
山东甲级龙井	1 293	33.3	2.7	37.8	11.1
江苏精茶四级	1 483	20.3	1.4	65.3	—
江苏精茶五级	1 490	18.4	1.4	67.5	—
江苏特级绿茶	1 481	35.6	2.4	47.6	—
江苏超级绿茶	1 494	33.7	2.4	50.2	—
陕西紫阳绿茶	1 178	26.0	1.9	40.1	17.2
陕西安康绿茶	1 323	37.5	1.9	39.3	9.3
北京绿茶	1 276	32.5	2.3	38.5	14.8
福建福鼎绿茶	1 205	29.6	0.7	40.8	15.0
甘肃临夏春尖茶	1 301	35.0	2.2	37.7	16.3
内蒙古青砖茶	874	13.9	4.0	29.3	38.1
山东石榴花茶	1 339	10.5	2.9	63.0	11.2
陕西柿叶茶	1 197	25.8	1.9	41.4	17.7
北京铁观音茶	1 132	22.8	1.3	41.9	23.1
福建乌龙茶	1 153	18.9	1.2	17.3	15.0
河北清县枣茶	1 246	5.3	1.5	65.8	14.6
河北中槐茶	1 226	24.1	2.2	44.2	17.1
浙江绍兴珠茶	1 276	28.7	1.7	43.7	14.6
北京砖茶	849	15.0	7.8	26.7	39.5

二、蛋白质

蛋白质和生命活动的关系极为密切，“生命是蛋白质的存在形式”，即没有蛋白质就没有生命。蛋白质是生长发育必不可少的物质，是修复损伤的组织原料，是构成组织、酶、激素和抗体的主要成分。蛋白质还能调节血浆渗透压，必要时也能分解提供热能参与体内众多的代谢过程。在评价蛋白质的营养价值时，主要是看其中必需氨基酸种类是否齐全、比例是否合适、数量是否充足。必需氨基酸是指在人体内不能合成，而必须由食物中获得的氨基酸。组成人类蛋白质的氨基酸有 18 种，对成人来说有 8 种必需氨基酸，即异亮氨酸、亮氨酸、赖氨酸、蛋氨酸、苯丙氨酸、苏氨酸、色氨酸和缬氨酸，对儿童来说组氨酸也是必需氨基酸。与一般食物相比，茶叶中的蛋白质含量是相当高的。而其中的必需氨基酸组成与鸡蛋和黄豆相比（表 8—2），种类是齐全的，但比例不够合理，其中色氨酸的量很少，故可以认为茶叶蛋白为半完全蛋白质。在以往的资料中，认为茶叶中缺乏色氨酸和蛋氨酸，最新的研究证实茶叶中必需氨基酸的种类是齐全的。值得说明的是茶叶中含有大量的茶氨酸，这是茶叶所特有的，是形成茶叶风味的主要成分。茶氨酸含量通常占茶叶中其他氨基酸总量的 50％以上，其含量以白茶为最多，其次是绿茶和红茶。茶氨酸有强心利尿、扩张血管、松弛支气管和平滑肌的功能。嫩茶中游离氨基酸的含量达 2％～5％，有的绿茶水溶液中氨基酸含量占 1％～3.5％，故饮茶可使人体得到一部分氨基酸，特别是其中的必需氨基酸，有利于肌体蛋白质的合成。各种茶叶中的氨基酸含量多少与茶叶的类型有密切关系。绿茶中谷氨酸最多，其次是青茶和红茶；精氨酸亦以绿茶最高，红茶次之。以所含氨基酸总量而言，绿茶多于红茶和白茶，其次是黄茶和乌龙茶，黑茶相对较低。红茶中含有少量的游离氨基酸，但随着茶叶贮存时间的延长其含量逐渐减少。

茶叶中蛋白质的含量很高，达 20％～30％，其含量与茶叶的质量有密切的关系，绿茶中的蛋白质高于其他类型的茶叶。在泡茶时，茶叶中能溶于水的蛋白质还不到 2％，其余绝大部分留在茶渣中不能被利用，因此每天从饮茶摄取的蛋白质是很少的，对人体的营养价值不大，但如果吃茶则可得到数量可观的蛋白质。我国少数民族和欧美人常喜欢在茶汤中加入牛奶、酥油和乳酪等，这就给茶叶增加了多量的优质蛋白，可以有效地提高茶叶原有蛋白质的营养价值。牛奶和茶多酚可形成酪朊复合物，降低了茶的收敛性和苦涩味，也不妨碍蛋白质的正常吸收，如藏族的酥油茶和蒙古族的奶茶。

表 8—2　　　　每 100 克茶叶与鸡蛋和黄豆中氨基酸含量

蛋白质和氨基酸	北京袋泡花茶	北京散装花茶	浙江红茶	福建绿茶	浙江珠茶	茶叶	上海红鸡蛋	上海黄豆
蛋白质（克）	26.5	29.0	25.8	29.6	28.7	27.6	11.9	32.4
异亮氨酸（毫克）	1 144	1 073	991	685	1 102	965	590	1 468
亮氨酸（毫克）	1 957	1 829	1 786	1 298	1 971	1 727	963	2 451
赖氨酸（毫克）	1 800	1 602	1 326	1 214	1 590	1 428	744	2 158
蛋氨酸（毫克）	253	176	315	289	214	245	324	267
胱氨酸（毫克）	—	—	201	—	210	206	227	539
苯丙氨酸（毫克）	1 128	1 115	1 065	811	1 088	1 021	480	1 696
酪氨酸（毫克）	882	743	606	845	720	736	386	1 384
苏氨酸（毫克）	1 090	1 026	871	720	874	903	509	1 290
色氨酸（毫克）	—	68	—	—	—	—	238	485
缬氨酸（毫克）	1 364	1 296	1 189	1 116	1 398	1 254	605	1 675
精氨酸（毫克）	1 497	1 416	1 229	1 013	1 492	1 270	677	2 553
组氨酸（毫克）	527	507	472	482	531	486	247	881
丙氨酸（毫克）	1 354	1 355	1 138	—	1 292	1 265	656	1 519
天冬氨酸（毫克）	2 405	2 261	1 915	1851	2 138	2 101	1 061	3 775
谷氨酸（毫克）	4 343	3 645	3 116	3 245	—	3 338	1 351	5 598
甘氨酸（毫克）	1 159	1 131	1 108	940	1 235	1 086	352	1 461
脯氨酸（毫克）	854	850	744	—	976	856	322	1 306
丝氨酸（毫克）	1 196	1 104	900	916	850	980	813	1 680

三、碳水化合物

碳水化合物就是通常所说的糖类，根据其化学结构，可分为单糖、双糖和多糖类。食物纤维和果胶也属于碳水化合物，虽不能被人体吸收，但能刺激胃肠蠕动，增加粪便体积，减少有毒或有害物质的吸收，具有预防肠肿瘤、防治糖尿病等作用。碳水化合物在体内的主要功能是提供热能，同时也是构成神经和细胞的主要成分，并具有保肝解毒的作用。

以往的资料认为茶叶中碳水化合物的含量不高，一般在10%以下。而最新的报道表明茶叶中的碳水化合物含量多在40%左右，某些茶叶高达60%以上（表8—1），这可能是由于测定方法不同。茶叶中的碳水化合物多为多糖类，能在沸水中溶出的多糖仅占茶叶水溶物的4%～5%，因此通常认为茶是低热能低糖饮料，适合于糖尿病和其他忌糖患者饮用。饮茶可提高多糖的吸收，在茶叶中加入牛奶和糖，如每天饮茶6杯，约1 100毫升，所获得的热能可占全天饮食提供热能的7%～10%。故国内外有人喜欢饮牛奶茶或糖茶。

四、脂肪

脂肪的主要功能是提供热能，同样体积的脂肪所提供的热能是碳水化合物或蛋白质的两倍。此外，脂肪还有保持体温、构成组织和细胞、促进脂溶性维生素的吸收和利用等作用。茶叶中的脂类含量不高，绿茶和红茶一般不超过3%，砖茶可能是加工过程中加入一定量的脂肪，其含量可达到8%左右。茶叶中的脂类有磷脂、硫脂、糖脂和甘油三酯等，其中的脂肪酸是亚油酸和亚麻酸，为人体必需脂肪酸。必需脂肪酸和必需氨基酸一样，也是人体自身不能合成，必须由食物提供的。故饮茶可以使人体获得一定量的脂肪酸，但因含量很少，所提供的脂肪酸量很有限。

五、维生素

维生素是维护身体健康所必需的一类有机化合物，这些物质在体内既不构成组织，也不提供热能，虽然所需的数量很少，但作用很大，是调节体内物质代谢必不可少的，体内不能合成，必须由食物供应。通常把维生素分为两大类，即脂溶性维生素和水溶性维生素，前者包括维生素A、维生素D、维生素E和维生素K，后者有维生素C、B族维生素等。人体需要的维生素共有10余种，茶叶中含有丰富的维生素（表8—3）。茶叶中的水溶性维生素可全部溶解在热水中，浸出率几乎达100%，而脂溶性维生素较难溶于水，所以人们通过饮茶获得的脂溶性维生素不多。

表 8—3　　每 100 克茶叶中维生素含量　　单位：毫克

茶叶种类和地区	胡萝卜素	维生素 B_1	维生素 B_2	维生素 PP	维生素 C	维生素 E
红茶	3.87	—	0.17	6.2	8	5.47
花茶	5.31	0.06	0.17	—	26	12.73
绿茶	5.8	0.02	0.35	8.0	19	9.57
砖茶	1.90	0.01	0.24	1.9	—	—
北京红茶	3.77	—	—	—	—	—
福建福鼎红茶	0.26	0.04	0.11	—	—	9.14
浙江绍兴红茶	—	—	0.16	5.4	—	1.11
北京袋装花茶	3.45	0.09	0.22	6.2	8	1.80
北京散装花茶	6.49	0.05	0.17	—	—	15.91
北京花茶	9.25	0.08	0.16	—	—	14.94
甘肃临夏花茶	2.06	0.02	0.19	—	—	7.35
福州茉莉花茶	0.89	0.04	—	—	26	—
山东甲级龙井	3.33	0.19	0.12	2.6	13	4.24
江苏精茶四级	7.10	0.03	—	8.6	75	—
江苏精茶五级	9.10	0.02	0.36	6.4	34	—
江苏特级绿茶	6.40	—	0.32	4.9	15	—
江苏超级绿茶	3.80	0.02	0.38	8.9	18	—
陕西紫阳绿茶	—	0.05	0.54	4.0	—	16.38
陕西安康绿茶	—	0.03	0.52	4.0	—	12.80
北京绿茶	2.50	—	0.30	—	—	15.20
福建福鼎绿茶	1.12	0.03	0.16	6.0	37	5.45
甘肃春尖茶	10.64	0.01	—	—	23	3.93
内蒙古青砖茶	—	0.01	0.32	1.9	—	—
山东石榴花茶	1.57	0.17	0.12	4.0	—	6.86
陕西柿叶茶	—	—	1.37	—	866	—
北京铁观音茶	2.59	0.19	0.17	—	—	16.59
福建乌龙茶	2.2	0.02	0.20	5.3	—	2.50
浙江绍兴珠茶	—	—	0.20	6.6	44	16.69
北京砖茶	1.88	—	0.15	—	—	—

据有关资料称茶叶中含有大量的维生素C，其含量因茶叶种类不同有很大的差异，通常每100克茶含有100～500毫克，其中绿茶比红茶高；优质绿茶多在200毫克以上，高档绿茶含量更高。但从表8—3中的数据可以看到，各类茶叶中的维生素C含量并不太高；100克绿茶中维生素C的含量亦未超过100毫克。这可能是检测方法不同和样品的陈新不同等原因造成的。实验研究、临床验证和流行病学调查都证实维生素C具有非常重要的生理功能，能防治坏血病，提高身体免疫力。

B族维生素参与体内多种生理生化代谢过程，维持神经、心脏及消化系统的正常功能。如缺乏维生素B_1可发生脚气病、多发性神经炎、胃肠机能障碍，缺乏维生素B_2可引起角膜炎、结膜炎、口角炎、舌炎、口腔溃疡和阴囊皮炎等。茶叶中B族维生素的量是比较丰富的，如每天饮茶25克，可满足人体25%的需要量。通常绿茶中的B族维生素的含量高于其他类型的茶叶，细嫩的绿茶中含量更高。

六、矿物质和微量元素

人体所需要的矿物质通常分为常量元素和微量元素，常量元素有钾、钠、钙、镁、磷、硫、氯、碳、氢、氮、氧，而微量元素有铁、碘、锰、钴、锌、铜、钼、硒、铬、镍、锡、氟、钡、钒等14种。茶叶含有的无机物质占茶叶干重的4%～9%，其中50%～60%可溶解在热水之中，能被人体吸收利用，大多有益于健康。经研究发现，在茶叶中含有人体所必需的微量元素有11种。茶叶中含量最多的无机成分是钾、钙和磷，其次是镁、铁、锰等，而铜、锌、钠、硒等元素较少（表8—4）。不同的茶叶中其含量稍有差别，绿茶所含的磷和锌比红茶高，但红茶中钙、铜、钠的含量比绿茶高。此外茶叶也含有一些对人体有害的元素，如铝、铅、镉等（表8—5和表8—6），并且其浸出率均在60%左右。另外，茶叶还有浓缩环境毒性物质的特性。

表8—4　　每100克茶叶中矿物质和微量元素含量　　单位：毫克

茶叶种类和地区	钾	钠	钙	镁	铁	锰	锌	铜	磷	硒
红茶	1 934	13.6	378	183	28.1	49.80	3.97	2.56	390	56.00
花茶	1 643	8.0	454	192	17.8	16.95	3.98	2.08	338	8.53
绿茶	1 661	28.2	325	196	14.4	32.60	4.34	1.74	191	3.18
砖茶	844	15.1	277	217	14.9	46.50	4.38	2.07	157	9.40

续表

茶叶种类和地区	钾	钠	钙	镁	铁	锰	锌	铜	磷	硒
北京红茶	1 934	3.7	496	—	—	13.00	3.50	2.25	463	6.30
福建福鼎红茶	129	19.1	260	418	23.8	81.80	4.00	2.10	504	3.70
浙江绍兴红茶	297	23.4	260	183	28.1	86.63	4.43	2.87	317	4.90
北京袋装花茶	—	—	—	—	—	—	2.99	—	340	7.00
北京散装花茶	1 775	4.7	512	147	11.4	14.15	3.32	1.92	346	7.60
北京花茶	1 511	11.2	397	238	24.2	18.89	5.62	2.24	327	11.00
福州茉莉花茶	2 000	8.5	175	128	22.4	42.50	3.63	1.79	396	8.88
山东甲级龙井	2 812	54.4	402	224	23.7	8.10	5.88	1.71	542	16.65
江苏精茶四级	1 445	39.0	245	221	13.3	80.00	2.20	2.50	—	微
江苏精茶五级	1 957	35.0	184	205	12.7	—	1.90	2.50	—	微
江苏特级绿茶	2 060	51.0	175	199	—	44.00	6.40	—	—	—
江苏超级绿茶	1 617	48.5	268	172	15.6	42.00	3.90	1.90	—	—
北京绿茶	16	18	7.1	332	247	13.2	11.87	4.24	184	5.30
福建福鼎绿茶	138	11.2	225	339	20.8	100.3	3.30	2.20	387	4.80
甘肃临夏春尖	1 349	6.0	526	166	—	8.40	2.81	—	197	1.05
内蒙古青砖茶	963	23.0	—	184	51.1	46.58	6.06	2.03	160	8.45
山东石榴花茶	2 455	36.6	1143	206	24.2	3.18	2.36	1.40	165	14.65
陕西柿叶茶	2 020	15.1	1185	379	155.0	17.80	3.40	0.65	388	20.98
北京铁观音茶	1 462	7.8	416	131	—	13.98	2.35	1.02	251	13.80
福建乌龙茶	531	1.7	234	277	26.7	58.50	1.75	1.30	364	4.43
河北清县枣茶	45	0.3	88	—	1.9	10.43	1.55	0.32	10	1.30
河北中槐茶	167	2.0	73	—	16.6	0.57	1.88	0.15	3	—
浙江绍兴珠茶	799	13.3	203	202	40.4	63.67	3.13	1.42	352	5.60
北京砖茶	725	7.2	277	250	14.9	—	2.70	2.11	154	9.40

表 8—5　每千克茶叶中矿物质和微量元素含量

单位：毫克

茶叶种类	钙	镁	铝	铁	锰	铜	锌	铅	镉	镍	硼	钒
一级龙井	3 144	2 062	179.8	178.4	511.5	15.6	60.0	—	0.44	5.25	8.2	0.38
八级龙井	3 936	1 775	444.8	215.0	651.1	18.1	37.9	3.52	0.65	12.25	15.1	0.88
二级茉莉花茶	2 571	2 124	403.0	222.0	503.6	13.6	31.8	0.68	1.42	5.88	9.1	0.88
三级婺毛	3 098	2 104	472.1	248.1	479.2	15.6	33.0	0.59	0.28	8.12	15.5	0.50
四级滇红	2 176	2 166	348.2	197.4	432.0	16.2	31.1	2.95	0.45	4.88	11.0	0.50
二级珍眉	2 928	2 346	449.8	243.6	562.0	16.9	29.8	0.29	0.31	5.25	10.1	0.25
二级贡熙	2 978	2 308	485.1	231.2	544.6	16.6	28.9	4.34	0.35	5.38	9.9	—
一级春茶	3 052	2 310	485.9	501.5	227.6	23.0	36.5	3.31	0.30	7.38	12.4	0.50
一级乌龙茶	2 974	2 048	485.6	222.9	689.8	13.6	30.4	3.58	0.22	4.25	10.9	—
二级珠茶	2 654	2 101	765.0	266.1	857.8	11.9	21.6	—	0.21	3.12	14.5	—
平均	3 005	2 134	451.9	252.6	545.9	16.1	34.1	2.41	0.46	6.18	11.7	0.56

表 8—6　　茶叶中矿物质和微量元素在茶汤中的浸出率　　单位：%

茶叶种类	钙	镁	铝	铁	锰	铜	锌	铅	镉	镍	硼
一级龙井	26.2	51.9	29.5	23.0	53.4	29.6	34.8	—	68.6	61.9	64.4
八级龙井	6.1	37.5	54.2	18.4	23.2	40.9	29.6	79.8	50.7	81.6	61.2
二级茉莉花茶	1.7	56.4	44.8	29.8	60.4	69.7	38.2	74.5	52.2	83.0	67.1
三级婺毛	21.7	52.7	55.8	27.8	77.7	52.8	40.5	71.0	60.0	89.2	87.9
四级滇红	6.7	49.6	46.0	2.0	64.9	43.8	45.0	76.9	66.0	64.1	73.9
二级珍眉	20.3	52.5	45.0	15.7	50.9	39.3	37.8	—	65.3	73.2	45.6
一级贡熙	19.7	55.6	53.0	36.4	63.0	58.9	39.4	60.8	65.7	81.5	35.1
一级春茶	19.9	40.1	35.0	31.8	32.6	50.4	33.3	63.7	56.2	74.2	51.6
一级乌龙茶	1.6	43.3	46.0	38.8	52.5	53.0	38.3	—	29.6	61.0	49.5
二级珠茶	7.3	48.2	65.6	20.9	54.4	66.3	26.0	—	76.5	49.4	63.7
平均	13.1	48.8	47.5	25.5	53.5	50.5	36.3	71.1	59.1	71.9	62.5

茶叶中的矿物质和微量元素对人体是很有益处的。其中的铁、铜、氟、锌比其他植物性食物要高的多，而且茶叶中的维生素 C 有促进铁吸收的功能。前苏联的科学家发现茶叶中的铜和铁，有提高红细胞形成的能力，有治疗贫血的作用。氟是人体骨骼和牙齿珐琅质生长不可缺少的物质。一般来说，植物性食品中氟的含量不太高，而每 100 克茶叶中的氟可达 10～15 毫克，其中 80％可溶于茶汤之中。每天饮茶 10 克，可获得 1 毫克的氟，已基本满足人体的需要。饭后用茶液漱口，方便易行，如持之以恒，效果良好，尤其对学龄前儿童护齿更有好处。但是儿童不宜多饮茶，特别是浓茶。硒是人心肌代谢不可缺少的元素，长期缺硒易患克山病，此外硒还有抗癌和防癌作用，如陕西的紫阳茶含有丰富的硒，实验研究发现其有抗突变的效果。如果每天饮茶 5～6 杯，可供应人体所需矿物质和微量元素的 5％～50％。有些矿物质的含量尽管很高，但其浸出率很低，如采用传统的饮茶方法，则吸收利用率较低。

总之，茶叶中含有非常丰富的营养物质，特别是其中的蛋白质、维生素、矿物质和微量元素是一般植物性食品不可比拟的。茶叶作为低热能和低脂肪的食品，结合其药理作用，具有很高的开发和利用价值。从营养学的角度来看，绿茶的营养价值高于其他各类茶叶，因为在茶叶加工过程中的某些步骤会使氨基酸、维生素等营养素遭到破坏。因为茶叶中许多营养素不能或很少溶解于茶液中，使其不能发挥营养作用，所以有必要在传统的茶作为饮料的基础上，扩大茶叶食用范围，使之成为名副其实的食品，更好地造福人类。

第二节　茶叶中的药用成分

《本草拾遗》中记载："诸药为各病之药，茶为万病之药"，此话虽有些夸张，但是现代药理学研究证明，茶叶确实具有多方面药理功能。动物试验和人体验证发现，茶的药理作用发挥，有些是由单一成分来完成的，有些则是几种成分联合发挥作用，更有的是几种成分互补协同完成的。因此，在某种程度上茶对肌体的药理作用的发挥是各种成分综合作用的结果。我国中医理论认为茶叶性味苦而寒，有降火清热之功，可"上清头目，中消食滞，下利二便"，因此茶叶有一定防病治病功效。茶叶中的药用成分为生物碱、茶多酚、芳香类物质和多糖类物质等。

一、生物碱

茶叶中的包括咖啡碱、茶碱、可可碱、嘌呤碱等。咖啡碱的功能：兴奋中枢神经系统、消除疲劳、提高劳动效率；抵抗酒精、烟碱和吗啡等的毒害作用；强化血管和强心作用；增加肾脏血流量，提高肾小球滤过率，有利尿作用；松弛平滑肌，消除支气管和胆管痉挛；控制下视丘的体温中枢，调节体温；降低胆固醇和防止动脉粥样硬化。茶碱功能与咖啡碱相似，兴奋中枢神经系统的作用较咖啡碱弱，强化血管和强心作用、利尿作用、松弛平滑肌作用比咖啡碱强。可可碱的功能与咖啡碱和茶碱相似，兴奋中枢神经的作用比前两者都弱；强心作用比茶碱弱，但比咖啡碱强；利尿作用比前两者都差，但持久性强。

二、茶多酚

茶叶中的多酚类化合物，包括茶单宁、茶鞣酸、茶鞣质、儿茶素等，共分为 6 类，质量占干茶 20%～35%，其中儿茶素占茶多酚的 60%～80%，为干重的 12%～24%。茶多酚的功能：增强毛细血管的作用；抗炎抗菌，抑制病原菌的生长，并有灭菌作用；影响维生素 C 代谢，刺激叶酸的生物合成；能够影响甲状腺的机能，有抗辐射损伤作用；作为收敛剂可用于治疗烧伤；可与重金属盐和生物碱结合起解除中毒的作用；缓和胃肠紧张，防炎止泻；增加微血管韧性，防治高血压；治疗糖尿病等。黄酮类化合物促进维生素 C 的吸收，防治坏血病，并有利尿作用。

三、芳香类物质

茶叶中的芳香类物质包括萜烯类、酚类、醇类、醛类、酸类、酯类等。其中萜烯类有杀菌、消炎、祛痰作用，可治疗支气管炎。酚类有杀菌、兴奋中枢神经和镇痛的作用，对皮肤还有刺激和麻醉的作用。醇类有杀菌的作用。醛类和酸类均有抑杀霉菌和细菌，以及祛痰的功能，后者还有溶解角质的作用。酯类可消炎镇痛、治疗痛风，并促进糖代谢。

四、脂多糖类

茶叶含有脂多糖类物质，这类物质具有抗辐射损伤，改善造血功能的作用。脂多糖是构成茶细胞壁的大分子复合物，茶叶中脂多糖的含量约为 3%。药理试验表明，适当的植物脂多糖进入动物或人体后，在短时间内就可以增强肌体的非特异性免疫能力，对提高肌体的抵抗力有很大作用。动物试验表明，茶叶中的脂多糖有防辐射的功效，同时也有改善造血功能的作用。

茶叶中具有药效作用的成分很多，茶叶的药效作用有时是某一成分的单一作用，有时是几种成分协同作用的结果。因此，在某种意义上，可以把茶叶当作一种“复方”药剂来看待。

练习题

1. 茶叶含有哪些药物成分？对人有什么保健作用？
2. 茶叶中含哪些营养成分？营养成分组成有何特点？
3. 何种茶叶的营养价值最高？为什么？
4. 茶叶中主要含哪些药用成分？
5. 茶多酚有哪些保健和防病作用？

第九单元　　饮茶的保健功效

单元提要：本单元较系统地介绍了茶叶各种保健和防治多种疾病的作用以及饮茶时应注意的事项。茶的多种营养成分和药效成分具有降低血脂、抑制动脉粥样硬化、抗氧化、防衰老、抗菌、抗辐射、抗突变、抗癌等作用。实践表明经常饮茶可以增加营养，促进新陈代谢，延长寿命。

第一节　茶叶的保健功能

茶叶中丰富的营养素和多种药用成分是茶叶保健和防病作用的基础。许多实验研究、临床观察和流行病学调查都证实茶叶有多方面的保健作用。

一、清胃消食助消化

茶叶有消食除腻助消化、加强胃肠蠕动、促进消化液分泌、增进食欲的功能，并可治疗胃肠疾病和中毒性消化不良、消化性溃疡、急性肠梗阻等疾病。在边疆地区，一些少数民族以肉类和奶类为主食，其饮食中含有大量的脂肪和蛋白质，而蔬菜和水果很少，食物不容易消化，饮茶可以帮助油脂消化吸收，解除油腻，并补充肉食中矿物质和微量元素以及维生素的不足。

茶叶中芳香油、生物碱具有兴奋中枢和植物神经系统的作用。它们可以刺激胃液分泌，松弛胃肠道平滑肌，对含蛋白质丰富的动物性食品有良好的消化效果。茶叶中含有大量的氨基酸、维生素 C、维生素 B_1、维生素 B_2、磷脂等成分，这些成分具有调节脂肪代谢的功能，并有助于食物的消化，起到增进食欲的效果，所以在进食肉类或油腻的食物后，喝一杯香味浓郁的清茶会感到特别舒服。因此适量饮茶可以帮助消化，增进食欲。此外，茶叶加糖可治疗消化性溃疡，生茶油可治疗急性蛔虫性肠梗阻等消化系统疾病。

二、生津止渴解暑热

饮茶能解渴是众所周知的常识。实验证实饮热茶 9 分钟后，皮肤温度下降 1～2℃并有凉快、轻爽和干燥的感觉，而饮冷茶后皮肤温度下降不明显。饮茶的解渴作用与茶的多种成分有关，茶汤补给水分以维持肌体的正常代谢，且其中含有清凉、解热、生津等有效成分。饮茶既可刺激口腔黏膜，促进唾液分泌产生津液，芳香类物质挥发时又可带走部分热量，使口腔感觉清新凉爽，且可以从内部控制体温调节中枢调节体温，以达到解渴的目的。茶叶的这种作用是茶多酚、咖啡碱、多种芳香物质和维生素 C 等成分综合作用的结果。茶叶有清火之功，有些人容易上“火”，发生大便干结困难，甚至导致肛门裂口，痛苦异常，于是就食用蜂蜜或香蕉等食品，以减轻症状，但此法只能解决一时之苦。而根除火源的好办法是坚持每天饮茶，茶叶“苦而寒”，极具降火清热的功能。

三、强骨防龋除口臭

实验研究和流行病学调查均证实茶有固齿强骨、预防龋齿的作用。氟在保护骨和牙齿的健康方面有非常重要的作用，在低氟地区的居民很容易患龋齿症。英国的学者指出：茶叶是英国食品中氟化物的主要来源，儿童经常饮茶可使龋齿减少 60%。口腔发炎、牙龈出血等是常见的口腔疾病，且常伴有口臭。晨起浓茶一杯，可以清除口中黏性物质，既可净化口腔，又使人心情愉快。有些人清晨刷牙时，常会牙龈出血，这种现象常常是由于维生素 C 缺乏所致。茶叶中含丰富的维生素 C，饮茶可以部分地补充饮食中维生素 C 供应的不足。

四、振奋精神除疲劳

对于饮茶的这种效用，古代史籍中的记载较多。当人们疲劳、困倦时，喝一杯清茶，立即会感到精神振奋，睡意全消。这是茶叶中所含的生物碱类，即咖啡碱、茶碱、可可碱的作用，主要是咖啡碱的作用。实验证实喝 5 杯红茶或 7 杯绿茶相当于服用 0.5 克的咖啡因，可提高基础代谢率10%。茶中咖啡碱与多酚类物质结合，使茶具有咖啡碱的一切药效且没有副作用。故饮茶能消除疲劳，振奋精神，增强运动能力，提高劳动效率。

五、保肾清肝并消肿

茶可保肾清肝、利尿消肿，这是因为茶能增加肾脏血流量，提高肾小球滤过率，增强肾脏的排泄功能。乌龙茶中咖啡因含量少，利尿作用明显，是男女老幼皆宜饮用的茶。茶的利尿作用是咖啡碱、茶碱和可可碱的功能，其中茶碱的作用最强，咖啡碱次之，而可可碱的利尿作用持续时间最长。这些物质的作用机制是抑制肾小管的重吸收，尿中钠和氯离子的含量增多；并能兴奋血管运动中枢，直接舒张肾脏血管，增加肾脏血流量。对肝脏、心脏性水肿和妊娠水肿与呕吐都有明显治疗作用。

六、降脂减肥保健美

减肥茶大部分是再加工茶，即在茶中加入各种有降脂作用的中草药。随着生活水平的提高，过度营养化的现象日益严重。有调查表明我国大城市居民的饮食结构不合理，脂肪占总热能的比例超过30%，营养过剩的现象日益严重。据调查，我国大城市的学龄儿童中20%以上有不同程度的营养过剩，其中不少“小胖墩”已出现高血压或血脂增高的现象。作为传统的减肥饮料，茶叶有良好的减肥效果。日本人称乌龙茶为美貌和健康的妙药；法国年轻女郎把云南普洱茶称为保持形体美的“苗条汤”；中医书籍也称茶叶有去腻减肥胖、消脂转瘦、轻身换骨等功能。适量饮茶有润肤健美、祛脂减肥的功能。

七、消除电离抗辐射

这是茶叶的一个独特的功能。现代科学制造了很多的辐射源，人类已经处在电子辐射的包围之中，广播、电视、录像、镭射影像以及医用射线和和平利用原子能等，已经产生了大量的辐射。茶叶中的茶多酚和脂多糖等成分可以吸附和捕捉放射性物质，并与其结合后排出体外。脂多糖、茶多酚、维生素C有明显的抗辐射效果。它们参与体内的氧化还原过程，修复生理机能，抑制内出血，治疗放射性损害。在电视机和电脑进入万户千家的今天，防止荧屏辐射对人体的损害是人们关心的问题之一。因此，在欣赏精彩的电视节目的同时饮上一杯香茶，既有预防辐射危害的作用，又有清肝明目、保护视力的作用。茶叶中含有丰富的胡萝卜素，代谢后合成视紫质以保护视力，适量饮茶有助于保护视力。

第二节　茶叶防治疾病的功效

一、消炎杀菌抗感染

茶叶有消炎杀菌的功能，可以治疗如肝炎、痢疾、肠炎等由细菌感染引起的疾病，还能治疗多种炎症，如膀胱炎、肾炎、尿路感染、鼻炎、支气管炎等。古医书中以治疗痢疾、肠炎的记载最多，这是因为茶叶可以抑制痢疾和伤寒杆菌的增殖。所用的茶叶剂型有水煎剂、浸泡剂和丸剂等，选用的茶叶主要是绿茶，其次是红茶和青茶，用量多为5～15克，各种剂型均为口服，少数病人用茶汤灌肠。治疗急慢性细菌性痢疾和急性肠炎的效果都较好，治愈率分别在80%和96%以上。

二、防治心脑血管病

茶有降低胆固醇和防治动脉粥样硬化的功能，有防治心脑血管疾病的作用。心血管疾病是人类健康的“第一杀手”，许多研究表明高血压、冠心病、动脉硬化症、脑出血等心脑血管疾病的发病与血脂增高有很大关系。儿时肥胖常常为成年后的心脑血管疾病留下隐患，故有的学者把幼年时的肥胖称为“冠心病的苗子”，而且肥胖的儿童多有不同程度的血脂升高。饮茶能显著地降低血液中胆固醇的含量，具有降血脂和抗动脉硬化的效果。茶叶中的茶多酚，特别是儿茶素有很强的降脂功能，并有保护毛细血管的作用，可使血管壁松弛、有效直径增大、弹性增加，甚至在血管受到破坏时，茶多酚也可使血管的功能得到恢复。因此，经常饮茶有利于人体血管的舒张，增强微血管的弹性和韧性，起到预防心脑血管疾病的作用。

这种作用主要表现在以下3个方面。

1. 防治高脂血症

血脂是指血液中的脂类，包括甘油三酯、胆固醇、磷脂和游离脂肪等。血脂升高可引起许多疾病，如动脉粥样硬化、冠心病、肥胖病和糖尿病等。饮茶能有效地降低血脂浓度。

饮茶之所以能降低血脂，是与茶叶中的生物活性物质茶多酚有关。将茶多酚提炼、氧化、聚合，使其化学结构转化可形成茶色素。茶色素的降脂作用可能与以下机制有关。

（1）清除活性自由基。动脉粥样硬化患者血浆脂质过氧化物含量增高，而且动脉硬化程度与动脉壁中脂质过氧化物含量呈正相关。茶色素具有极强的防止脂肪酸过氧化作用。它不仅可以广泛地消除体内氧自由基并抑制脂质过氧化作用以及延缓细胞脂褐素的产生，而且还能全面提高体内抗自由基损伤的酶即抗氧化酶的活力，因此能保护细胞不受损伤，并维持其结构和机能代谢活动的正常。

(2) 调节血脂异常。血脂异常是指血清总胆固醇、甘油三酯和低密度脂蛋白胆固醇水平升高，而高密度脂蛋白胆固醇水平降低，它是导致动脉粥样硬化性疾病的重要因素。实验证实，茶色素可使高脂血症动物的血脂降低，阻止血清总胆固醇、甘油三酯和低密度脂蛋白升高，并提高高密度脂蛋白的水平，还可显著抑制胆固醇在动脉壁内沉积，并缩小脂质斑块面积。医院的临床实验研究也证明茶色素能明显降低高脂血症病人血清中的胆固醇、甘油三酯和低密度脂蛋白，增加高密度脂蛋白含量。对治疗冠心病、脑血管意外有显著疗效。

(3) 抗凝血改善微循环。高脂血症患者常常伴随着血液的高凝和高黏状态，血小板黏附和聚集增强是血栓形成的重要原因之一，血栓形成又是心肌梗塞和脑梗塞发生的危险因素。因此缓解血液的高凝、高黏状态是防止心、脑血管意外发生的重要措施。

实验证明，茶色素不仅能抑制血小板聚集，还能使已经聚集的血小板解聚，解聚率与茶色素剂量呈正相关。这说明茶色素能抑制凝血系统相关的酶，同时激活纤维溶解系统的酶，有效地防止血栓形成。

综上，茶色素有抗氧化清除自由基、调节血脂异常、抗凝促进纤维溶、改善微循环等作用，可用于预防和治疗心血管疾病如冠心病、心肌梗塞等和脑血管疾病如脑梗塞、血管性痴呆等，而且茶色素的毒性小，使用安全，具有极大的应用价值，正受到人们的关注。

2. 防治高血压

随着生活水平的不断提高，人们的饮食已向高蛋白、高脂肪、高热能转变，造成了一系列的“富裕型”疾病，茶由于具有各种对人体的保健功能，特别是对高血压的预防有良好的功效而备受青睐。

(1) 饮茶与高血压。高血压是一种常见的以体循环动脉血压增高为主的临床综合症。其主要病因除了遗传因素与神经精神因素外，主要还有环境因素，如饮食中热能过高（引起肥胖、超重）以及高盐饮食，这些刺激导致大脑皮质功能障碍和下丘脑神经内分泌功能失调，血管舒缩中枢收缩，外周阻力增加，血压增高。近年来，高血压发病率的增高与人们生活条件的改善，饮食习惯的改变密不可分。

世界卫生组织在1999年研究了饮食习惯与高血压的关系。研究的区域主要在我国的台湾、广州、贵阳这3个省市进行。将血压及饮食调查的结果加以综合，发现台湾人茶与蔬菜的消费量低而血压偏高，而贵阳在近10年来，由于饮食习惯的改变，男女性别的血压都在增加，主要是因为他们抛弃传统的饮食，茶叶与蔬菜的消费量降低的结果。

福州医科大学巡回医疗队曾对30岁以上的人按饮茶习惯进行高血压调查，发现不饮茶或偶饮茶的433人，高血压的患病率为16.3%，常饮茶者的患病率为6.95%。

茶叶中的生物碱主要有3种，以咖啡碱最多，占总量2%～4%，而茶碱占0.05%，可可碱占0.002%。1981年对全世界的咖啡因消费进行统计，发现茶占全部咖啡因消费的43%，大约为12万吨，相当于每人每天70毫克。茶叶中的生物碱具有扩张血管，增加心脏输出量，使血液进行有效循环的作用，尤其是茶碱具有松弛平滑肌的作用，利用它能扩张血管肌肉壁的特性，可以治疗高血压性头痛和妊娠高血压。

前面提到的茶叶中的重要物质茶多酚，它的主要成分是儿茶素，占总量的60%～80%，儿茶素有降低血压作用，而且能与生物碱共同作用，使血管壁松弛，增大血管有效直径。因此茶多酚可以降低血脂和胆固醇，防止血管壁上的脂类团块聚集和血栓形成。

茶叶中还含有一些维生素如维生素C，它能促进脂肪和胆固醇代谢，从而治疗因血压升高引起的动脉硬化。维生素P又称血管渗透维生素，能保持细胞与毛细血管的正常渗透压，加强血管抵抗蛋白质的渗透，增强血管弹性，有利于降低血压。

茶叶中还含有其他各种各样的抗动脉粥样硬化的物质，这样也可以使血管通畅，对降低血压也有益处。多饮茶可保持身体健康，对于高血压患者也是有百利而无一害的。

（2）治疗高血压的药茶方剂。药茶即用茶或以茶叶为主，辅以一定的中药制成的茶剂，以此来治疗疾病或养生保健称为药茶疗法。广义的“药茶”则包括用某些中药与食物制成的汤、乳、露、汁、浆、水等疗效饮料。防治高血压药茶方颇多，现介绍几例供参考。

1）杭菊茶。配方：杭菊花10克，绿茶3克。功效：平肝息风，利尿降压。应用：适用于高血压，肝阳上亢引起的头痛。用法：沸水冲泡代茶饮，每日1剂。

2）枸杞茶。配方：枸杞子6克，红茶3克。功效：养肝补血，清热明目，延缓衰老。应用：适用于肝阴不足、肝血亏损所导致的头晕眼花、视力减退、眼目干糊、目赤生火，以及高血压、高血脂、糖尿病、动脉硬化和未老先衰等。用法：将红茶与枸杞子一起加入杯中，用沸水冲泡饮用。

3）芝麻养血茶。配方：黑芝麻6克，茶叶3克。功效：滋阴，养肝益肾，养血润肠。应用：适用于肝肾阴血亏损所致头晕目花、须发早白、腰膝酸软及高血压、动脉硬化、高血脂等。用法：先将黑芝麻炒香后碾碎，再与茶叶混合后沸水冲泡饮用。

4）返老还童茶。配方：乌龙茶3克，槐角18克，何首乌30克，冬瓜皮18克，山楂肉15克。功效：养肝益肾，降脂减肥，生发乌发，延年益寿。应用：适用于高血压、高血脂、动脉硬化、冠心病、糖尿病、肥胖病、白发、脱发等症状。用法：先将槐角、何首乌、冬瓜皮、山楂肉4味用清水洗净，再加水适量煎沸20分钟左右，去药渣，取煮沸之汁冲泡乌龙茶即可饮用。

5）香蕉茶。配方：香蕉（切末）100克，茶叶10克，蜂蜜适量。功效：降脂、降压、润燥。应用：适用于高血压、冠心病及动脉硬化症。用法：每日2次，每次将50克香蕉末和5克茶叶放入杯中，沸水冲泡加盖焖5分钟，调入蜂蜜即可。

6）菊花三宝茶。配方：菊花、罗汉果、普洱茶各6克。功效：平肝止痛，降压降脂。应用：适用于肝阳上亢之头痛、头晕，预防高血压、高血脂等症。用法：每日1剂，沸水冲泡，当茶饮用。

药茶疗法须对症，药茶中的中药选择，也应根据不同的体质及病症，按中医辨证论治的原则，选用适当的药材。一般而言，配制药茶的中药尽可能是水溶性的，且具有芳香气味，这样才能使患者乐于接受，并充分发挥其药效。

3. 防治心脑血管疾病

近年来，随着对茶叶药用功能研究的不断深入，其防治心脑血管疾病的作用备受重视。如茶可促进脂肪代谢，降低血清胆固醇和甘油三酯，降低血液黏滞度，防治动脉粥样硬化等。

（1）流行病学调查。随着人们生活水平的不断提高，营养过剩引起高脂血症、高胆固醇血症、动脉粥样硬化，从而导致冠心病、脑梗塞、脑溢血等心脑血管疾病的发病率呈快速上升趋势，直接威胁着人类的健康。根据流行病学资料统计，发现常饮茶者高血压发病率为6.95%，不饮茶者为10.53%；冠心病的发病率常饮者为1.07%，而不饮或偶饮者为7.76%。统计学分析的结果表明常饮茶者的这两种病的发病率均明显低于不饮茶或偶饮茶者，说明茶叶有良好的预防心脑血管疾病的作用。

（2）实验研究。现代研究分析表明，茶多酚具有降血脂、抗血凝、促纤溶、防止血小板凝聚的作用。沈新南等报道，用绿茶提取茶多酚，观察其对大鼠实验性高脂血症及血栓形成的影响。实验结果显示，茶多酚可降低血清总胆固醇和血清总甘油三酯的浓度，并呈剂量效应关系，还可以降低血清低密度脂蛋白胆固醇水平并提高高密度脂蛋白胆固醇水平。对大鼠红细胞变形能力的研究结果发现，茶多酚具有保护和修复红细胞作用，能降低血浆纤维蛋白原，防止血栓形成。对大鼠解剖发现，茶多酚试验组大鼠的脏器和组织均未见异常变化，冠状动脉和主动脉的病理切片亦未观察到典型的动脉粥样硬化改变，而对照组大鼠肝脏呈脂肪肝样。这说明茶叶与冠心病的发生和发展有密切关系。

（3）临床验证。日本学者松田等人，曾以患有高脂血症成年男性为临床观察对象，每天服用 7 罐（共 1.33 升）市售商品型罐装茶水，服用 6 周后，饮茶者除血清高密度脂蛋白胆固醇上升外，血清胆固醇、甘油三酯及动脉硬化指数都较不饮茶者有显著的下降。该组临床调查显示了饮茶确有防治动脉粥样硬化、保护心脑血管的积极功能。福建省中医药研究所，对 32 例心血管疾病患者应用乌龙茶治疗 2～3 周以后的疗效进行观察，表明乌龙茶有降低血液黏滞性、降低血液高凝状态、增加血液流动性的作用。乌龙茶具有明显增加红细胞膜电荷以降低红细胞聚集作用，这样使已聚集的红细胞分散，有利于降低血液黏滞度，防止血栓形成。乌龙茶有降低毛细血管脆性、增强毛细血管抗力的作用，从而减低出血倾向，防止脑溢血的发生。

三、预防治疗糖尿病

茶叶中的有效成分可以调整糖代谢，对糖尿病有显著疗效。日本学者经临床观察证实淡茶和酽茶能治疗轻、中度糖尿病，使病人尿糖明显减少以至完全消失，对重度患者可使其尿糖降低，各种主要症状明显减轻。与注射胰岛素相比，用淡茶和酽茶治疗糖尿病，有简单易行、费用低廉等优点。茶叶中含有的多酚类物质和维生素 C，能保持微血管的正常坚韧性、通透性，可使微血管脆弱的糖尿病人，经饮茶恢复原有的功能，对治疗糖尿病有利。更重要的是茶中含有预防糖代谢障碍的成分，如水杨酸甲酯、维生素 B_1 等物质。

因为茶叶中许多营养素和药用成分不能或很少溶解在茶液中，所以其营养和药用功能不能充分利用，很多有效成分被当做废料丢弃。因此有必要在传统的茶作为饮用的基础上，扩大茶叶食用范围，使之成为名副其实的食品，更好地造福人类。因此有必要研究茶叶的使用范围和方法，改变目前单一的饮茶方式，如将茶叶加入到其他食品中去，成为名副其实的吃茶；或者把茶叶中的药用成分提取出来，做成药物或保健食品，使茶叶的营养和药理作用得到充分的发挥。

四、防癌抗癌可延年

茶是世界上饮用最广泛的饮料之一。它具有很多的作用，如兴奋呼吸、抗氧化、振奋精神、减少龋齿、减低冠状血管疾病。同时大量的流行病学调查和动物试验均表明，茶叶与多种癌症的发生也有一定的相关性，简单地说，茶叶可以防癌。

恶性肿瘤是一类严重威胁人类健康的疾病。随着物质生活的丰富，环境污染日益严重，各种癌症的发病率日益增高，且各个年龄组均有发生。有些原先成年人患的肿瘤，在学龄儿童即有发病；有些儿童好发的癌症发病率也明显提高，如白血病、骨肉瘤等。人类大多数恶性肿瘤都直接或间接与环境因素有关。人类从自然界摄取致癌物与抑癌物，两者的相互作用及两者的平衡失调与肿瘤的产生密切相关。而茶是天然的抗癌剂、抑癌剂，人们已越来越重视茶的抗癌、抑癌、抗突变的作用。亚洲和北非是世界上茶消费最多的地区，其癌症发生率明显低于其他地区。每天喝 10 杯以上的茶，可以降低癌症发生率，明显降低随年龄增加而上升的癌症发生率。茶叶中的茶多酚等成分具有很明显的抗癌效果。茶叶的水浸出物具有阻断亚硝胺合成的作用，20 种茶叶的水浸出物均有不同程度的阻断酱油亚硝化后的致突变作用。大量的研究都表明茶叶可作为预防或治疗癌症的有效食物。

1. 饮茶与肿瘤

近年来，茶叶抗癌的研究引起了人们的极大兴趣和关注。日本科学家对静冈县不同市镇村各种癌症的死亡率作了调查，发现癌症死亡率与是否生产绿茶有密切的关系。例如在有名的茶叶产地中川根镇，癌的平均死亡率为男性 54.0%、女性 51.4%，其中胃癌分别为男性 20.7%和女性 18.2%，肝癌分别为男性 48.6%和女性 45.2%，明显低于日本全国的平均值；与此相反，在几乎不生产绿茶的贺茂村癌症死亡率明显高于中川根镇，该村癌的平均死亡率分别为男性 60.2%、女性 64.5%，其中胃癌分别为男性 23.1%和女性 18.3%，肝癌分别为男性 48.6%和女性 68.8%。另据日本静冈县岛田保健所长的调查，日本根川、安培、天尤等生产优良茶叶地区的居民的胃癌死亡率极低。这些调查数字表明，盛产绿茶的地方，癌症发病率确实较低。

台湾大学的一些专家曾进行过茶叶抗癌的动物试验，将茶叶磨成粉末，掺在饲料中，喂饲带有癌细胞的小白鼠。3 周后，癌细胞有明显抑制甚至减少现象。因此他们认为，经常喝茶可以预防癌症。为了探明茶叶抗癌的机制，日本冈山大学药学部用茶叶中的茶多酚做抗癌试验，结果茶多酚对引起突变的突变原的抑制效果相当明显。近年来，我国也有人用速溶茶及多种茶单宁成分，进行抑制煤焦油引起突变的试验，同样也证实了茶单宁有抑制突变的功效。当然，茶叶中还含有丰富的维生素 C 和维生素 E，它们也有辅助抗癌的功效。茶叶抗癌是这些物质协同作用的结果。

2. 喝隔夜茶不会致癌

过去曾流传“喝了隔夜茶会得癌症”的说法，这是缺乏科学依据的。首先隔夜茶的概念和放置时间较长的茶水很难区别。早晨泡的茶下午喝的情况不是很常见吗？有谁会因此而得了癌症呢？夜里工作时泡的茶，早上起床后喝，茶汤中发生的变化不会比白天更大。如果说会发生什么变化的话，也不过是夜里气温低变化小，白天气温高，变化可能会大些。

茶水放置时间长了，会发生一些什么变化呢？研究表明主要的变化是茶多酚的进一步氧化，颜色加深。一杯清澈碧绿的茶汤，尤其是在气温较高的情况下放置久了，会失去绿色，增加黄的程度。据研究这种深色的酚类氧化物是无毒的，不会致癌。

有人推测，茶水放过夜后，会产生亚硝胺，亚硝胺是致癌物质。首先应该肯定茶叶中即使有亚硝胺，也是微不足道的，与经常食用的主食面包、鱼制品、肉制品、腌菜和腌腊制品等相比，数量非常少。每千克肉制品中的亚硝胺含量有 4～50 微克，那不是很可怕吗？其实不然，人体也有分解亚硝胺的功能。再说亚硝胺要达到每千克体重吸收 100～2 000毫克（即 10 万～200 万微克）才有可能致癌。一般正常的进食量，不可能达到这样大的剂量。喝茶的数量与饭菜数量相比，也是微不足道的。因此，担心喝茶会带来亚硝胺的危害是毫无道理的。

另外，据研究茶叶中含有丰富的茶多酚和维生素 C，是亚硝胺的天然抑制剂。因此，喝茶还能消除其他含有亚硝胺食物带来的危害。吃了熏鱼、腌腊制品、腌菜等食品后，喝上一杯茶，这对身体健康是有利的。

综上所述，隔夜茶或是冲泡后放置了一段时间的茶水，只要没有变质，是没有毒害作用的。当然，在温度较高的夏天，茶汤的放置时间长了会变质。这种变质的，甚至长霉菌的茶水，与其他变质饮料一样，不宜饮用。

3. 茶多酚为主要抗癌物质

茶多酚是茶叶的主要提取物，包括表没食子儿茶素没食子酸酯（EGCG）、表没食子儿茶素（EGC）、表儿茶素没食子酸酯（ECG）、茶黄素，可抑制癌细胞的生长及诱导癌细胞的程序性细胞死亡即细胞凋亡。黄曲霉毒素是强力的诱癌剂之一，其主要作用对象为肝脏，绿茶提取物可以抑制微粒体中混合功能酶的活性，增加黄曲霉毒素的羟基化，促进无毒性的羟基化物形成，并减少黄曲霉毒素与肝细胞的脱氧核糖核酸（DNA）的结合。表没食子儿茶素没食子酸酯（EGCG）与茶黄素还可以促进胃癌细胞的 DNA 裂解，增进凋亡。茶多酚抑制乳腺癌的发生，主要是通过影响女性月经循环中血清雌三醇水平及性激素结合球蛋白水平。茶提取物抑制恶性肿瘤发生的分子机制目前尚不清楚。

日本有过为期 9 年的研究，对 8 552 个 40 岁以上的人群，进行关于绿茶摄入量与癌症相关性的研究。饮用绿茶的量与癌症发生率具有明显负相关，尤以每天喝 10 杯茶以上的女性最为明显。每天喝 10 杯茶以上的女性，随年龄增长而上升的癌症的发生率明显减缓，而且这些人以年龄为标准的癌症发生率也是低的。同时，癌症发生相对危险因素也明显低于其他组。进一步的实验研究证实绿茶、红茶均可抑制动物的癌变过程，此抑制能力涉及多种癌变模式，如胰腺癌、肺癌、消化系统肿瘤、乳腺癌等。

4. 饮茶防治癌的原理

茶叶的抗癌和抗突变的作用可分为以下 6 个方面：抑制致癌物质的形成，调整引发物质的代谢过程，与亲电子的最终致癌代谢物质直接发生作用，消除致癌的游离基，抑制致癌基因与脱氧核糖核酸（DNA）共价结合，抑制可能引起突变的乌氨酸脱羧酶的活性。

预防和治疗癌症是最终控制肿瘤的两种不同的战略方式，预防癌症的发生对控制癌症无疑是最佳途径而且是最根本的。然而完全消除致癌物质可能无法做到，其次要找到一种预防或治疗癌症甚至几乎没有任何副作用的药物也是困难的。而茶叶作为纯天然的食用植物，茶叶含有丰富的维生素 C、维生素 E，少量的维生素 A、硒、锌、叶酸、胡萝卜素等，是具有抗氧化作用，符合抗癌防癌要求的理想“药物”之一。

现代科学证实，茶叶的抗癌作用主要是以茶多酚为主的多种药用成分协同作用的结果。茶多酚类能有效阻断多种致癌物质在体内的合成，对细胞的突变有一定的抑制作用，其抗突变作用在于促进脱氧核糖核酸损伤的修复，减少癌症发生的机会。有实验表明，红茶、绿茶对老鼠身上的胃肠癌发病率有显著的降低作用，同时还发现红茶和绿茶一样对紫外线照射引起的皮肤癌具有抗癌变作用。茶叶中鞣质类化合物具有明显的抗肿瘤、抗致突变、抗促癌和抗氧化作用。吸烟是肺癌的最主要致病因素，有人曾对饮茶与肺癌的关系做了流行病学调查，其结果说明，饮茶对非吸烟者肺癌的发生有显著的保护作用，而对吸烟的人每日少量饮茶可降低肺癌发生的危险性。

许多实验研究表明饮茶可以明显减少人类肿瘤和实验室肿瘤的发生。茶的抗癌和抑癌作用已引起许多学者的关注，许多科研工作者对茶的预防癌症的研究进行了大量的工作，通过动物实验等发现茶中的儿茶素能抑制致癌剂对实验动物的致癌作用，使诱癌率降低，并可诱导癌细胞自杀、凋亡，其诱导癌细胞凋亡的功能与茶叶中所含儿茶素的剂量有关。从已有研究报道看，绿茶、乌龙茶、红茶、花茶等均有抑癌作用，抑癌强度大多认为绿茶优于其他茶叶，也有人认为绿茶抗突变作用最强且有显著的抗诱变作用。通过动物实验及流行病学调查认为，饮茶对预防皮肤癌、肺癌、食道癌、胃癌、肠癌、胰腺癌、肝癌等均有效。

癌症是引起人类死亡的主要原因，因此，对癌症的预防极为重要。茶叶作为食用植物，它所含的某些药用成分，将为癌症的预防打开新的领域。茶叶真正成为千家万户的家常饮料将对癌症的预防十分有利。随着国民经济的发展，人民生活水平的提高，相信茶叶必将为我国癌症的防治做出应有的贡献。

第三节　饮茶防治疾病实验研究

史载茶为“万病之药”，茶叶含有咖啡碱、茶碱、可可碱、嘌呤碱等生物碱，包括茶单宁、茶鞣酸、茶鞣质、儿茶素在内的茶多酚，以及萜烯类、酚类、醇类、醛类、酸类、酯类和脂多糖等药用成分。为了研究茶叶的保健功能和防治疾病的作用，第二军医大学附属长海医院营养科等单位用实验研究的方法对茶叶的防治疾病的作用和机理进行了系列研究。先后进行了茶叶对亚硝化处理酱油致突变性影响、茶叶降血脂和抗脂肪肝效果观察、茶叶中矿物质和微量元素及蛋白质含量测定、茶叶中微量元素和蛋白质含量与茶叶质量的关系等研究。

现将研究结果简要介绍如下：

一、茶叶对亚硝化处理酱油致突变性影响

亚硝胺有很强的致突变性和致癌变性，已经为中外大量的流行病学实验研究证实。通常人们摄入的外源性亚硝胺含量较少，而在体内合成的内源性亚硝胺是大量的。我们曾对40种国产酱油的致突变性进行研究，结果是所有的酱油样品在模拟体内亚硝化过程后，无一例外地具有致突变性。茶叶是国人日常最常用的饮料，而随地区不同，选用的茶叶种类各异。故我们选用，包括的绿茶、红茶、青茶、黄茶和黑茶等等在内的20种茶叶，在酱油亚硝化的过程中用茶叶的提取液阻断亚硝胺的合成。结果表明各种茶叶的提取液均有不同程度的抗突变作用。西湖龙井、休宁雨前银峰、羊艾毛峰、凤庆红茶、云南沱茶等均能很好地阻断酱油的亚硝化的过程。绿茶、红茶和其他茶类的效果未见有明显的差别。实验结果表明茶叶可以防止由于亚硝化引起酱油的致突变性。从防癌的角度来说，茶叶可起到肿瘤病因预防的功能。

二、茶叶有防治高血脂作用

在发达国家，心血管疾病是引起死亡的最主要原因，冠心病居病死率之首；在我国心脑血管疾病发病和死亡率也逐年升高。资料表明食物胆固醇和脂肪摄入量与动脉硬化性疾病发病呈正相关。肝脏可利用游离脂肪酸合成极低密度脂蛋白（VLDL），大量饮酒可引起甘油三酯增高，刺激VLDL合成，脂肪在肝内沉积，引起脂肪肝和高甘油三酯血症。茶叶可降低血脂、改善血管的功能，减轻体重，并有提高肌体免疫能力，防治肿瘤等功能。实验复制大鼠高脂血动物模型后，观察绿茶对大鼠高脂血症的防治作用。结果显示绿茶有降低实验动物高脂血症的功能，并有预防高脂血症发生的作用。

三、茶叶防治脂肪肝效果显著

脂肪肝作为肝脏疾病的中间病理过程，在病毒性肝炎、药物中毒性肝炎、饮酒过度及肥胖症时均可发生。如在病变的早期及时采取适当的措施，脂肪肝的病理改变是可逆的。通常认为高食物纤维、高蛋氨酸、高磷脂类和含维生素A丰富的食物有防治脂肪肝作用。茶叶有降低血脂、减轻体重、提高肌体免疫能力、防治肿瘤等功能。实验用高胆固醇高脂肪低蛋白饲料复制脂肪肝动物模型，观察绿茶防治大鼠脂肪肝的作用。结果表明茶叶有预防和治疗脂肪肝的作用。

四、茶叶中矿物质和微量元素及蛋白质含量测定

大量的生理、药理试验，临床观察以及流行病学调查都证实茶叶不仅是最佳的饮料，而且具有多种防治疾病和保健强身的功效，是老少皆宜的饮料，适量饮用是大有益处的。实验检测了10种市售茶叶中的矿物质和微量元素及蛋白质含量，并对开水浸泡之后的溶出的量和溶出率进行了研究。

测定10种茶样中的钠（Na）、钾（K）、钙（Ca）和镁（Mg），及微量元素锌（Zn）、铜（Cu）、铁（Fe）、锰（Mn）和铬（Cr），及毒性元素铅（Pb）、砷（As）和镉（Cd）。其中常量和微量元素的含量在所测定的茶样中不太一样，同一产地的茶叶中的含量是基本一致的，可见元素含量会因产地的不同而不同。同一地区茶叶中的元素含量与其质量好坏有关。各种茶叶中的元素浸出率基本相同，其中以K、Mg、Mn、Zn较高些。通常茶叶泡到第3次以后，其茶液中的元素含量极度减低。总之，能溶解在水中的元素的量是有限的。所有茶样中能溶解在水中的成分浸出率均在30%以上。龙井茶中蛋白质的含量与其质量有关，质量好的茶叶其蛋白质含量高些。浸泡后的茶渣中的蛋白质含量高达35%～40%，这说明泡茶过程中仅是部分游离氨基酸溶出，而绝大部分蛋白质并不能溶解出来。

结果提示纯茶茶样所测定的各种必需微量元素Fe、Mn、Cu、Zn的浸出率很低，保健茶中的Fe和Cu的浸出率较其他样品高；Cr未测出，表明含量很少或是溶出率极低。毒性微量元素Pb、As和Cd在所有样品中均未检出，提示所测定的茶样均未受到污染。茶叶有富集环境污染物质的特性，如果土壤、空气和水源遭受有毒或有害物质污染，在茶叶中很容易测出污染的物质，通常含量和污染的程度呈正相关。此外，同一产地的茶叶中的元素含量基本相近。虽然茶叶中的元素含量也与茶叶的质量也有一定的关系，但是不如产地差别明显。可见，茶中元素和当地环境中元素，特别是土壤中的元素含量密切相关。

五、茶叶中微量元素含量与茶叶质量的关系

实验检测了龙井茶不同等级的5份茶样的蛋白质和微量元素含量以研究茶叶浸泡后各种成分的溶出率与茶叶质量的关系。测定微量元素锌（Zn）、铜（Cu）、铁（Fe）、锰（Mn）和铬（Cr）及毒性元素铅（Pb）、砷（As）和镉（Cd）的浸出率和含量。测出Fe、Mn、Cu、Zn浸出率很低，而Cr未测出，表明Cr的含量很少。Pb、As和Cd在所有样品中均未检出，表明所测茶样未受污染。茶叶质量越好，浸出率就越高，

除龙井 4 级为 23.6%外，其余均在 26.5%以上。

六、茶多酚清除自由基

茶多酚对人体内致病的罪魁祸首——自由基具有极强的清除能力，是活性氧的克星。大量研究证明，茶多酚中的多酚羟基结构是高效清除自由基的关键成分。通过对急性毒性、亚急性毒性、遗传毒性、长期毒性、一般药理和特定器官毒性进行了系统研究，证明提取出来的茶叶的成分也是无毒的。

七、茶叶可调节免疫功能

茶叶对实验动物的免疫功能表现为双向的调节，既有刺激促进作用，又有抑制功能，以促进作用为主。对免疫功能低下的动物，有刺激促进免疫力提高或回升作用，但对正常动物的免疫功能有一定的调节作用。茶多酚可通过机体的免疫器官、免疫细胞以及免疫抗体或是淋巴因子，在分子水平上起到调节免疫系统的作用。茶多酚影响肌体免疫功能的机理之一是减少细胞过氧化物含量或清除免疫过程中生成的过量的自由基。多年研究结果提示，辐射损伤过程中出现生理、生化损伤和放射病症状等都可以看成是自由基对机体损伤的直接或是间接效应。茶叶对长期接触射线的核科学研究人员、放射科医生、飞行人员来说，是不可多得的保护神。茶多酚对辐射损伤免疫器官有保护作用，能够提高造血功能，并对机体酶活力和自由基代谢产物产生影响。用茶多酚制成的片剂在抗辐射治疗临床中取得了理想的效果。

八、茶多酚防治多种疾病

1. 防治肿瘤作用

国内外科学家用现代高科技设备和方法研究了茶叶防癌的机理，表明茶叶的成分可以有效地抑制致癌物、促癌物、癌细胞增殖。茶叶各种成分的综合效果，主要通过抗氧化、预防 DNA 损伤及免疫调节起到抗癌防癌作用，还可避免某些抗癌药物的毒副作用。

2. 防治心脑血管病

该病可以说是人类健康头号杀手，用茶叶的提取物进行试验，发现其能有效地防止低密度脂蛋白过氧化，并具有抗凝、促进纤维蛋白原溶解、防止血小板黏附、降低血浆纤维、防治心血管病伴高纤维蛋白质症及动脉粥样硬化等作用。

3. 抗炎作用

茶多酚对多种危害人体的病菌、病毒有明显杀灭和抑制作用。试验表明在感冒流行时，早晨用茶水漱口，可有效抑制口腔中的流感病毒。

选用福氏痢疾杆菌、宋氏痢疾杆菌、金黄色葡萄球菌、绿脓杆菌、副伤寒杆菌及大肠性杆菌测定茶多酚抗菌活性，并以黄芩素作对照，其结果茶多酚抑菌浓度明显低于黄芩素。用茶多酚对口腔链球菌做抑菌的时间效应和耐药性的试验，证明浓度为 1 克/升的茶多酚在 5 分钟内即可完全抑制这种细菌，反复与低浓度茶多酚接触也不产生抗药性，用 0.20%茶多酚水溶液漱口可消除口腔异味。

九、茶多酚的解毒作用

茶叶的解毒作用除了清除体内过量的自由基及其反应产物过氧化脂质、脂褐素和多种致病菌外。还具有以下两点作用。

1. 络合作用

以铬离子为代表，研究了茶叶对 Cr^{3+} 的吸附作用，茶多酚抑制由 Cr^{6+} 诱发红细胞膜蛋白巯基构象的变化。证明茶叶对重金属离子有吸附、络合、还原等作用，有助于缓解环境污染中重金属离子对人体的毒害。

2. 降低吸烟危害

吸烟有害健康，香烟中所含的有毒物质除尼古丁、焦油外，在烟草不完全燃烧时产生大量自由基，茶多酚可以清除吸烟产生的有害自由基，抑制吸烟引起的肺泡细胞膜的脂质过氧化，保护肺细胞不受烟雾的损伤。

十、延缓衰老

茶叶一直被视为延年益寿的理想饮料，它有减轻老年多发病的功效。自由基出现和免疫功能衰退学说是当前较为流行的两种重要的衰老学说，而我们的研究则证明了茶叶的有效成分是卓越的自由基清除剂和免疫功能调节剂。此外，还进行了家蝇的寿命试验，结果表明经茶多酚处理的家蝇的平均寿命比对照组延长了36.1%～49.9%，显示茶多酚有延缓衰老的作用。随着人口逐步老龄化，老年痴呆症也渐增，这就需要能保护脑组织的天然产物的制剂，以改善老年人的生活质量。我们通过脑缺血再灌注、加速度、$FeSO_4$、半胱氨酸体系、Fe^{3+}/Fe^{2+} 体系、脑皮层线粒体损伤等几种脑损伤的病理模型，证明了茶多酚对脑损伤有一定的保护作用。

第四节　日常饮茶有关知识

每个人的身体情况不同，如不同的年龄、性别、身体素质等等，同时，茶叶也是多种多样，所含的成分有差别。因此，我们应根据具体情况选择茶叶，并注意饮用的量和时，以取得最理想的保健效果。

一、饮茶能解酒

众所周知，酒中的主要成分是酒精。酒既能助兴，又能麻痹神经，带来酒后不适或精神恍惚。过量饮酒，特别是饮烈性酒，会使人发生呕吐，甚至酒精中毒。古代即有茶解酒毒之说。茶叶中的多酚类有促进酒中乙醇代谢的功能，对肝脏有保护作用。茶碱有利尿作用，可促进乙醇等有毒或有害物质排出体外，降低酒醉后的危害。咖啡碱能提高肝脏对药物的代谢作用，促进血液循环，从而把人体血液中的酒精从尿中排出，减轻和消除由于酒精带来的副作用。各种茶叶都有醒酒解毒的功能。

二、饮茶补硒

硒是人体必需微量元素之一，具有抗癌、保护心肌等重要功能。缺硒时，肌体免疫功能降低，体内自由基增多，容易患癌症和其他疾病。现已知有 40 余种疾病与缺硒有关。我国大部分省区属于低硒地区，大家应重视补硒。饮茶补硒是最简单最理想的办法。各种茶都含有硒元素，茶叶中的硒为有机硒，易为人体吸收。陕西紫阳、湖北恩施等地生产的“富硒茶”是天然饮品，含硒量较高，是理想的补硒茶。

三、热茶比冷茶更解渴

缺水时，肌体代谢受到影响，可使体温升高，这样使缺水更加严重，而易引起不良反应，主要表现为口渴。通常饮水可以解渴，茶水解渴作用比普通开水好。饮茶以温热为宜，可使人耳聪目明，神思爽畅。此外，喝热茶可使皮肤温度在数分钟内明显降低，大大改善口渴的感觉，而喝冷茶时皮肤温度变化不明显。实践证明，喝热茶比喝冷茶解渴。

四、儿童饮茶注意量和时

多数家长不敢给孩子饮茶，认为茶叶有刺激性，会伤孩子的脾胃；其实这种担心是多余的。茶叶中含有儿童生长发育所需要的各种营养物质，只要饮用合理，茶水对儿童健康是大有好处的。通常认为儿童每天饮茶的量在2～3小杯，尽量白天饮用，茶汤要偏淡并温饮用。由于茶叶的种类、产地不同，茶质也有所区别；人有老少之分，体质有强弱，故饮茶有一定的讲究。总的来说，少年儿童宜适量饮用淡茶或用茶水漱口，不宜饮浓茶或过量饮茶。

注意茶的浓度和饮茶的时间，3岁的幼儿每天需睡眠12～13小时，3岁以下的幼儿更长些。幼儿饮茶后在咖啡碱和茶碱兴奋作用影响下，大脑皮层的兴奋性增高，不肯入睡，且烦躁不安，久之会影响健康。泡茶的时间不宜太长，如果太长，则会使得茶叶中的鞣酸溶出增加。因鞣酸会影响蛋白质、某些矿物质和微量元素以及维生素的吸收。总之，儿童适量饮茶大有益处，不会对健康带来危害。

五、茶叶泡几次最好

茶叶中能溶解于水的物质近40%，通常绿茶质量越好，可溶性物质越多，主要是茶多酚等含量较高。据测定，绿茶泡至第3次时，茶汤中所含溶于水的浸出物只占可溶物总量的10%左右，第4次仅为1%～3%。泡茶具体次数应视茶质、茶量而定，一般红绿茶以不超过4次为好。那种1杯茶从早泡饮到晚成了白开水还连续加开水的做法不可取。理想的泡饮法是每天上午1杯茶、下午1杯茶，既新鲜又有茶味。

六、“茶瘾”无害

长期饮茶者会对茶叶产生爱好，即所谓“嗜好”或“茶瘾”。不饮茶时，感到身体不舒服，但是这种“茶瘾”和某些麻醉品引起的“成瘾”是完全不同的。茶叶含有茶多酚、茶碱、咖啡因等多种物质，对人体有多种保健和治疗作用，饮茶对人体健康有好处。故坚持长期饮茶对人体健康是有百利而无一害，但要注意科学饮茶。

七、茶有“油膜层”可饮用

通常茶汤放置较久，可能出现油膜，如未变质仍可饮用。但如因茶水放置过久，有细菌或其他毒性微生物生长繁殖，使茶汤变质，则不能饮用。

八、老人喝茶注意量和时

老年人适量饮茶有益于健康。但由于老年人的生理变化，易患某些疾病，应注意控制饮茶的量。患有骨质疏松症和关节炎、骨质增生者不宜大量饮茶，尤其是粗老茶及砖茶等含氟较高的茶类，过量饮用会影响骨代谢。心脏病患者及高血压病人不宜饮浓茶。另外，由于老人肾脏对尿浓缩功能降低，尿量明显增加，故不宜睡前饮茶。

九、每天喝多少茶最好

饮茶有多种好处，主要是茶叶中含有多种营养成分（蛋白质、氨基酸、碳水化合物、脂肪、维生素、矿物质和微量元素）和药理成分（茶多酚、茶碱、脂多糖），在冲泡后，可溶于水的这些成分的综合作用有益于人体健康。按照人体每天对上述成分的需要量，通常每天喝茶3～5克干茶量，就可摄取某些营养元素和药理成分少则5%～7%，多则可达50%左右。

十、茶叶是最理想的饮料

成为最理想的饮料，必须具备3个条件：第一，要具有对人体全方位、多功能保健作用。任何一种饮料都不能与茶叶相比。茶叶具有提神明目、止渴生津、清热消暑、杀菌解毒、去腻醒酒、利肠消食、通便利尿、去疾治痢、祛风解表、坚齿止痛、疗疮治瘘、延年益寿、抗辐射、抗癌等功效。第二，饮料要清洁卫生。一般茶叶是洁净卫生的，它不含有细菌，至少可以讲茶叶本身的含菌量是很少的。关键在于生产出来的茶叶要做好保管工作，避免受外界环境及细菌的污染。第三，饮料具有安全性。通常讲“饮茶百益无害”。茶叶是天然饮料，不但没有添加剂和对人体有害物质，就是在水质不良的条件下，用茶泡饮，也保证“太平无事”。因为茶叶中含有的茶多酚类化合物具有抑制各种病菌的作用，所以饮茶能预防细菌感染的各种疾病，并能解除食品和水中重金属（铜、汞、镉、铬等）的毒害作用。所以说茶叶是保健、卫生、安全的饮料，也是人们所追求的最理想的饮料。

十一、何种茶更有利健康

人们常问：“从保健的角度来看，喝绿茶好呢，还是喝红茶好？”从饮茶获得的营养成分来讲，绿茶所含的维生素C比红茶多，100克高级绿茶中常含有维生素C 300～600毫克。每天喝2～3杯这种绿茶，就基本上可以满足人体对维生素C的需要了。而红茶因为经过发酵，较多的维生素C被破坏。一般绿茶中的维生素B_1、维生素B_2等也比红茶高1～2倍。另外，绿茶中维生素P的含量也比红茶高。因此，绿茶在抑菌、防衰老、防止血管硬化、抑制突变、防治辐射损伤、降低胆固醇和血脂、儿童防龋齿等方面都比红茶更有效。

红茶是经过发酵的茶类。与同样嫩度的原料加工而成的绿茶相比，红茶含有较多的咖啡因。当今世界上不少人都忌讳含咖啡因较多的饮料，认为咖啡因可能会引起突变或是畸变。绿茶含咖啡因较少，又含有较多的茶多酚，可以有效地消除咖啡因的副作用。由此看来，绿茶比红茶安全得多。当然在提神利尿方面，红茶中咖啡因的含量较多，效果要明显些。另外，红茶含茶多酚较少，对于脾胃虚弱、有胃病的人来讲，较为平缓温和，所以有红茶“和胃”之说。

有人认为红茶是热性的，绿茶是凉性的。中药的热性与凉性，大概与药味苦与甜的程度有关：苦味重的通常属凉性药，苦味轻且稍甜者一般属热性药。绿茶含茶多酚类物质较多，不常饮茶的人会感到苦涩味比红茶重，因此认为绿茶是凉性的，也不无一定道理。红茶含茶多酚较少，而含糖却较多，因此回味甜，被认为是热性的。据此，有人主张夏天饮用绿茶，会感到轻身凉爽；冬天饮用红茶，尤其是加糖加牛乳的红茶，会暖身增热。

有人问在保健作用上细嫩的茶叶与粗老的茶叶是否有区别。从营养成分来说，无论是维生素的含量、茶多酚、氨基酸和蛋白质的含量，钾、磷等矿物质元素的含量，一般细嫩的茶叶都比粗老的茶叶多。在营养成分的含量上，特别细嫩的茶叶往往比特别粗老的要高出一倍以上。比如100克细嫩的绿茶含维生素C 500毫克左右，而非常粗老的茶叶只含50毫克左右，差别十分悬殊。因此，从获得营养和保健作用来说，喝高级茶比低级茶更有效果。

但是，用茶叶预防儿童龋齿，却是较粗老的效果更好。原因是粗老茶叶中氟的含量要比细嫩茶叶高得多。粗老茶往往价格较便宜，用它防龋齿也可节省开支。一般学龄前儿童和小学生每天饮粗茶1克，约100毫升茶汤，持之以恒必有效果。春茶与夏秋茶相比，情况也大体如此。春茶富含多种营养成分，比如维生素C和氨基酸的含量都比夏秋茶高1倍左右。

若要降脂减肥，应喝什么茶呢？据有关资料介绍，乌龙茶的降脂减肥效果优于红、绿茶。另外，花茶的保健功效也与红、绿茶有所区别。据说，不少香花的芳香油，具有镇静、调理神经系统之功效。

各种紧压茶，如沱茶、砖茶等，在促进脂肪食物的消化方面比一般红、绿茶效果要好。因此，边区兄弟民族的牧民，吃的牛羊肉食较多，往往喜爱饮用紧压茶。

十二、何时不宜多饮茶

饮茶虽然好处很多，但是过量饮用，或是饮茶时不注意身体状况，有时也会带来一些副作用。比如神经衰弱的患者，夜间不宜多饮茶，以免引起失眠。神经衰弱者白天往往萎靡不振，打不起精神，到了夜晚，又常常睡不着觉。这种人不妨试用一下饮茶调节的方法，即清晨喝上一杯淡茶，早餐后，上午再喝一杯清茶，以绿茶为佳，这样可以帮助振奋精神。晚餐后则不宜饮茶，以免过度兴奋。

脾胃虚寒者，或是患有胃和十二指肠溃疡的人不宜喝浓茶，以免刺激太强，会增加胃部的不舒适感。这类患者，可在饭后饮些淡茶。

空腹一般不宜喝浓茶，尤其是不常喝茶的人空腹喝了浓茶之后，往往会抑制胃液分泌，妨碍消化，甚至会引起心悸、头痛、胃部不适、眼花、心烦等现象，这就是“茶醉”。一旦发生这种情况，只要口含糖果或喝些糖水即可缓解。

孕妇一般不宜多饮茶，尤忌喝浓茶。因为孕妇喝浓茶后，茶叶中的咖啡碱，不仅会被孕妇吸收，也会被胎儿吸收。据研究胎儿体内咖啡碱的代谢速度要比大人慢得多，因此，咖啡碱的作用时间要长得多，这对胎儿生长发育有一定影响。为了避免咖啡碱对胎儿的过分刺激，孕妇应适量饮茶为好。

头晕或睡眠不足时不宜过量饮茶。茶叶中含有多种能兴奋神经的成分，如咖啡碱等。如过量饮茶，特别是浓茶，会使饮茶者中枢神经系统及全身兴奋，使心跳加速、血液流速加快，使人久久不能入睡。因此，患有神经衰弱或睡眠不好的人，不宜过量饮茶，特别是浓茶。

十三、茶水服药利与弊

能用茶水服药吗？药物的种类繁多，性质各异，因此不能一概认为用茶水服药都不好。在服用某些维生素类药物时，茶水对药效毫无影响。比如，服用维生素C时，用茶水送服反而有好处，因为茶叶中的茶多酚可以促进维生素C在人体内的积累和吸收，同时，茶叶本身含有多种维生素，对人体健康也是有利的。但是，服用镇静药物时，为了减少兴奋，就不宜饮茶。此外，在民间常认为在服用参、茸类补药时，也不宜用茶送服，这可能也有一定道理。

练习题

1. 茶叶有哪些保健和防治疾病的功能？
2. 饮茶可以防哪些疾病？试述茶叶降血脂的作用机理。
3. 茶叶可以防治癌症吗？
4. 理想饮料需要具备哪些基本条件？

基础知识模拟测试（四）

（一）填空题（请将正确的答案填在横线空白处；每空 1 分，共 30 分）

1. 茶叶中含有热能、＿＿＿＿＿、＿＿＿＿＿、＿＿＿＿＿、＿＿＿＿＿等营养素。

2. 每 100 克茶叶提供的热能以＿＿＿＿＿最高，＿＿＿＿＿最低。

3. 维生素分为＿＿＿＿＿维生素、＿＿＿＿＿维生素；前者包括＿＿＿＿＿和＿＿＿＿＿，后者有＿＿＿＿＿、＿＿＿＿＿。

4. 氟是人体＿＿＿＿＿和＿＿＿＿＿珐琅质生长不可缺少的物质。

5. 茶叶生物碱包括＿＿＿＿＿、＿＿＿＿＿、＿＿＿＿＿、＿＿＿＿＿等。

6. 日本人称乌龙茶为“＿＿＿＿＿”的妙药。

7. 通常把＿＿＿＿＿、＿＿＿＿＿和＿＿＿＿＿称为生热营养素。

8. 茶多酚可以降低＿＿＿＿＿和＿＿＿＿＿，防止＿＿＿＿＿上的脂类团块聚集和血栓形成。

9. 茶叶药用成分为＿＿＿＿＿、＿＿＿＿＿、＿＿＿＿＿和＿＿＿＿＿等。

（二）判断题（下列判断正确的请打“√”，错误的请打“×”；每题 2 分，共 20 分）

1. 茶叶性味“苦而寒”，有降火清热之功，可“上清头目，中消食滞，下利二便”。（　）

2. 茶氨酸在体内可以转变为谷氨酸或谷氨酰胺。（　）

3. 茶叶中茶多酚、脂多糖、维生素等，能捕捉、吸收病毒性物质并排出体外。（　）

4. 茶叶中维生素 C 可促进钙吸收和利用。（　）

5. 硒有抗癌和防癌作用，陕西紫阳茶含硒丰富，有抗突变效果。（　）

6. 世界上 3 大无酒精饮料为茶、咖啡、可可。 （ ）

7. 喝隔夜茶不会致癌，茶水放置时间长，维生素 C 氧化，颜色加深。 （ ）

8. 饮茶振奋精神除疲劳，兴奋中枢神经，是咖啡碱、茶碱、可可碱的作用。 （ ）

9. 茶多酚促进乙醇代谢，对肝脏有影响，促进乙醇排出。 （ ）

10. 饮茶延缓衰老，减轻老年多发病，茶多酚对脑损伤无保护作用。 （ ）

（三）单项选择题（下列每题中的多个选项中，只有一个是正确的，请将其代号填在横线空白处；每题 2 分，共 20 分）

1. 茶叶所含的__________药理成分，是茶叶对人体健康有益的物质基础。

A. 维生素　B. 蛋白质　C. 脂肪
D. 营养素　E. 茶多酚

2. 茶多酚和__________同时用对防治动脉粥样硬化和增强毛细血管功能有良好的效果。

A. 维生素 E　B. 维生素 C　C. 维生素 A
D. 维生素 B_1　E. 维生素 B_2

3. __________是茶叶所特有的，是茶叶风味主要成分。

A. 茶氨酸　B. 丙氨酸　C. 脂肪酸
D. 蛋氨酸　E. 谷氨酸

4. 水溶性维生素在茶水中可__________。

A. 少量溶解　B. 大量溶解　C. 全部溶解
D. 几乎不溶解　E. 不溶解

5.《本草拾遗》中记载道：诸药为“各病之药”，茶为“__________”。

A. 百病之药　B. 千病之药　C. 万病之药
D. 亿病之药　E. 无病之药

6. 茶叶含丰富的胡萝卜素，代谢后__________以保护视力。

A. 合成视紫质　B. 合成蛋白质　C. 合成视红质
D. 合成视蓝质　E. 合成视灰质

7. 硒有抗癌和防癌作用，__________茶含硒丰富，有抗突变的效果。

A. 西湖龙井　B. 黄山毛峰　C. 祁门红茶

D. 云南沱茶　E. 陕西紫阳

8. 茶蛋白含量高，必需氨基酸种类齐全，但比例不合理，茶叶蛋白为__________蛋白质。

A. 完全　B. 半完全　C. 不完全

D. 营养　E. 动物

9. 儿童饮茶注意数量和时间及浓度，每天饮茶________小杯。

A. 1～2　B. 2～3　C. 3～4

D. 4～5　E. 5～6

10. 茶多酚解毒作用为：________和降低吸烟危害。

A. 结合作用　B. 络合作用　C. 光合作用

D. 分解作用　E. 杂合作用

（四）简答题（每题 10 分，共 30 分）

1. 茶叶有哪些保健和防治疾病的功能？

2. 试述茶叶降血脂作用的机理。

3. 理想饮料需要具备哪些基本条件？

基础知识模拟测试（四）答案

（一）填空题

1. 碳水化合物　蛋白质　维生素　矿物质　微量元素　2. 绿茶　砖茶　3. 脂溶性　水溶性　维生素 A、D、E　维生素 K　维生素 C　B 族维生素　4. 骨骼　牙齿　5. 咖啡碱　茶碱　可可碱　嘌呤碱　6. “美貌和健康”　7. 碳水化合物　蛋白质　脂肪　8. 血脂　胆固醇　血管壁　9. 生物碱　茶多酚　芳香类物质　多糖类

（二）判断题

1. √　2. √　3. √　4. ×　5. √　6. √　7. ×　8. √　9. ×　10. ×

（三）单项选择题

1. E　2. B　3. A　4. C　5. C　6. A　7. E　8. B　9. B　10. B

（四）简答题

1. 答：清胃消食助消化，生津止渴解暑热，强骨防龋除口臭，振奋精神除疲劳，保肾清肝并消肿，防癌抗衰可延年，祛脂减肥保健美，防止心脑血管病，消除电离抗辐射，消炎杀菌抗感染，预防治疗糖尿病等。

2. 答：饮茶之所以能降低血脂，是与茶叶中的生物活性物质有关，这类物质主要是茶多酚。

（1）清除活性自由基。动脉粥样硬化患者血浆脂质过氧化物含量增高，而且动脉硬化程度与动脉中脂质过氧化物含量呈很高的相关性。茶多酚具有极强的防止脂肪酸过氧化作用，比维生素 C、E 强得多。不仅可广泛地消除体内氧自由基和抑制脂质过氧化作用或延缓细胞脂褐素的产生，而且还能全面提高体内抗自由基损伤的酶系即抗氧化酶的活力，因此能保护细胞不受损伤，并维持其结构和机能代谢活动的正常。

（2）调节血脂异常。血脂异常通常是指血清胆固醇、甘油三酯和低密度脂蛋白水平升高，而高密度脂蛋白水平降低，这是动脉粥样硬化性疾病重要的易患因素。实验证实，茶多酚可使高脂血症动物的血脂降低，阻止血清甘油、胆固醇和低密度脂蛋白升高，并提高高密度脂蛋白，还可显著抑制胆固醇在动脉壁内沉积，并缩小脂质斑块面积。

（3）抗凝血改善微循环。高脂血症患者常常伴随着血液的高凝和高黏状态，血小板黏附和聚集增强是血栓形成的重要原因之一，血栓形成

又是心肌梗塞和脑梗塞发生的危险因素。因此缓解血液的高凝、高黏状态是防止心、脑血管意外发生的重要措施，茶叶有缓解血液高凝、高黏的作用。

3. 答：成为最理想的饮料，必须具备 3 个条件：

（1）要具有对人体全方位、多功能保健作用。任何一种饮料都不能与茶叶相比。茶叶具有提神明目，止渴生津、清热消暑、杀菌解毒、去腻醒酒、利肠消食、通便利尿、去疾治痢、祛风解表、坚齿止痛、疗疮治瘘、延年益寿、抗辐射、抗癌等功效。

（2）饮料要清洁卫生。一般茶叶是洁净卫生的，它不含有细菌，至少可以讲茶叶本身的含菌量是很少的。关键在于生产出来的茶叶要做好保管工作，避免受外界环境及细菌的污染。

（3）饮料具有安全性。通常讲“饮茶百益无害”。茶叶是天然饮料，不但没有添加剂和对人体有害的物质，就是在水质不良的条件下，用茶泡饮，也保证“太平无事”。因为茶叶中含有的茶多酚类化合物具有抑制各种病菌的作用，所以饮茶能预防细菌感染的各种疾病，并能解除食品和水中重金属（铜、汞、镉、铬等）的毒害作用。

所以说茶叶是保健、卫生、安全的饮料，也是人们所追求的最理想的饮料。